2026 전면 개정판
전기자기학

공학박사 김상훈 편저 / 한빛전기수험연구회 감수

전기기사 · 전기산업기사 완벽 대비
필기 CBT 최적화 문제 구성

편저 김상훈

건국대학교 전기공학과 졸업(공학박사)
現 엔지니어랩 전기분야 대표강사
現 ㈜일렉킴에듀 대표
現 대한전기학회 이사(정회원)
前 인하공업전문대학 교수
前 NCS 전기분야 집필진
前 J, E사 전기기사 대표강사
前 김상훈전기기술학원 원장
前 EBS 전기(산업)기사/전기공사(산업)기사 교수
前 한국조명설비학회 이사(정회원)

저서 : 『2026 회로이론』 외 기본서 시리즈 7종
　　　『2026 전기기사 필기』 외 3종
　　　『2026 전기기사 실기』 외 3종
　　　『파이널 특강 – 전기기사 필기』 외 5종
　　　『2026 전기기사 필기 7개년 기출문제집』 외 1종
　　　『2026 9급 공무원 전기직 전기이론』 외 5종
　　　『2026 고등학교 교과서 전기설비』
　　　공기업 전기직 파이널 특강

감수 한빛전기수험연구회

동영상 강좌 수강

엔지니어랩 https://www.engineerlab.co.kr

2026 전기자기학

초판 발행　　　2019년 12월 01일
26년 개정판 발행　2025년 09월 01일

편저자 김상훈
펴낸이 배용석
펴낸곳 도서출판 윤조
전화 050-5369-8829 / **팩스** 02-6716-1989
등록 2019년 4월 17일
ISBN 979-11-94702-07-8 13560
정가 18,000원

이 책에 대한 의견이나 오탈자 및 잘못된 내용에 대한 수정 정보는 아래 홈페이지와 이메일로 알려주시기 바랍니다.
홈페이지 www.yoonjo.co.kr / **이메일** customer@yoonjo.co.kr

이 책의 저작권은 김상훈과 도서출판 윤조에게 있습니다.
저작권법에 의해 보호를 받는 저작물이므로 무단 복제 및 무단 전재를 금합니다.

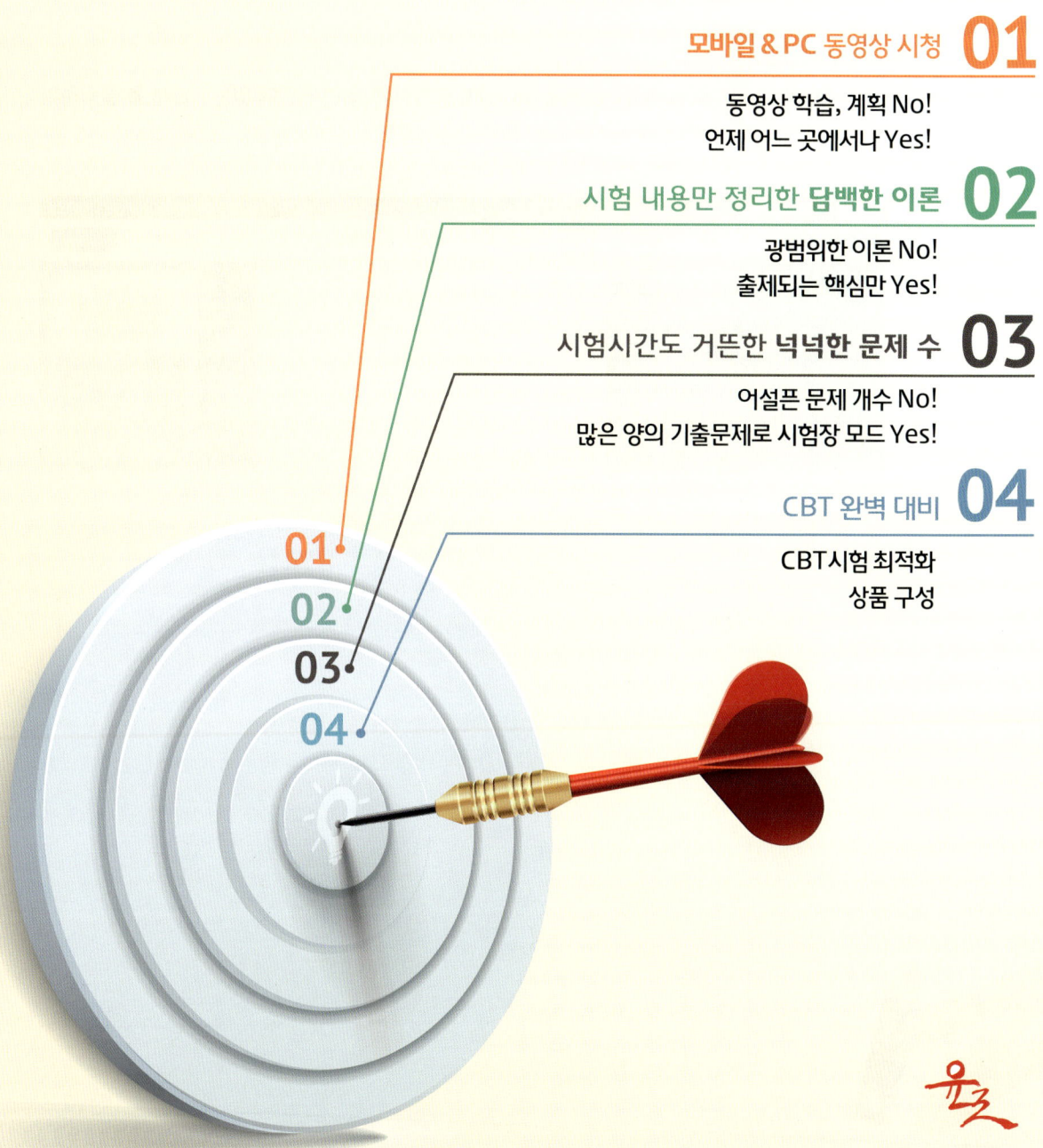

CBT 모의고사 안내

| CBT 모의고사 혜택 받는 방법 |

❶ 교재 구매 인증하러 가기

엔지니어랩(https://www.engineerlab.co.kr)에 로그인 후 화면 상단에 있는 「교재」를 클릭하여 구매인증 게시판으로 이동합니다.

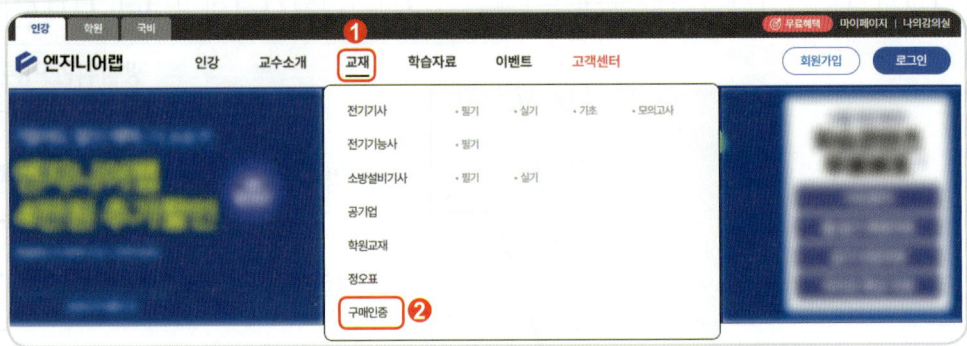

❷ 구매 인증 후 CBT 모의고사 받기

화면에 있는 「구매인증」을 클릭 후 증빙자료를 업로드합니다. 교재 구매 이력 인증 후 CBT 모의고사 2회분을 받으실 수 있습니다.

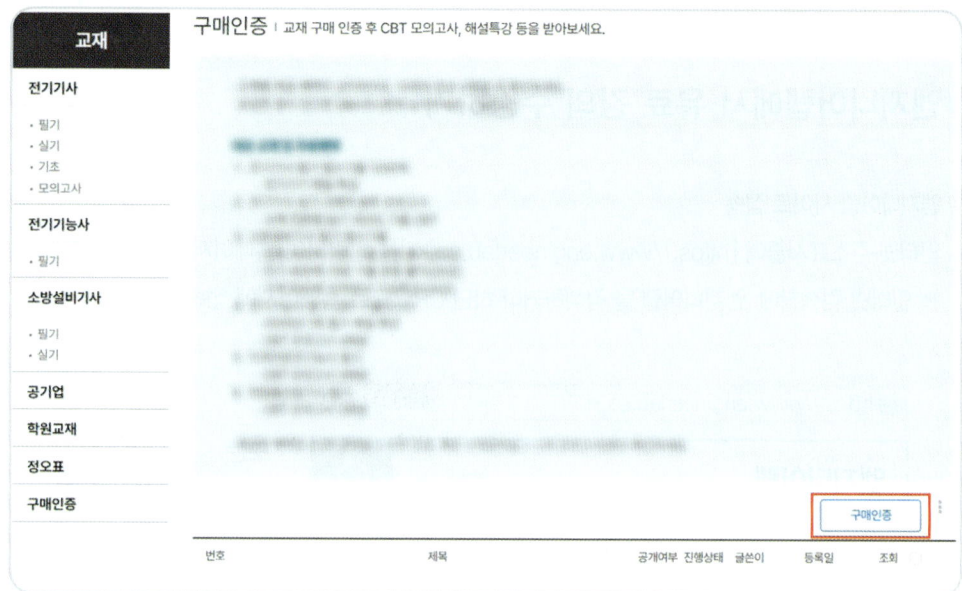

❸ 나의 강의실에서 CBT 모의고사 응시하기

CBT 모의고사는 「나의 모의고사」에서 확인 가능합니다. 화면 우측 상단에 있는 「나의 강의실」을 클릭하시면 화면 좌측에 「나의 모의고사」가 있습니다.

 유료 강의 수강 안내

엔지니어랩에서 유료 강의 수강하기

❶ 엔지니어랩 사이트 접속

인터넷 주소표시줄에 [https://www.engineerlab.co.kr]을 입력하여 홈페이지에 접속합니다.

※ 인터넷 검색창에 '엔지니어랩'을 검색하거나 하단 QR코드로 홈페이지에 접속할 수 있습니다.

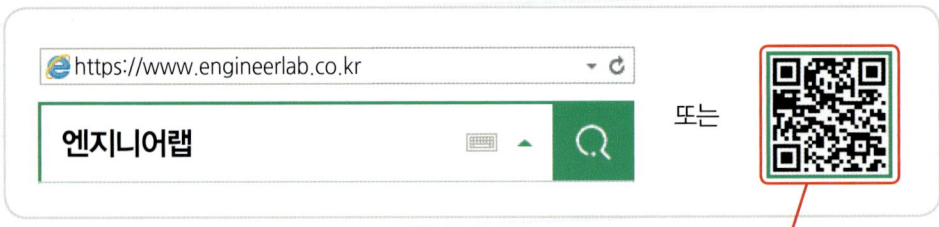

❷ 회원가입 (로그인)

화면 우측 상단에 있는 「회원가입」을 클릭하여 가입 후 「로그인」합니다.

❸ 인강 수강하기

화면 좌측 상단에 있는 「인강」을 클릭 후 원하는 과정을 선택하고 나에게 맞는 상품을 선택하여 수강 신청합니다.

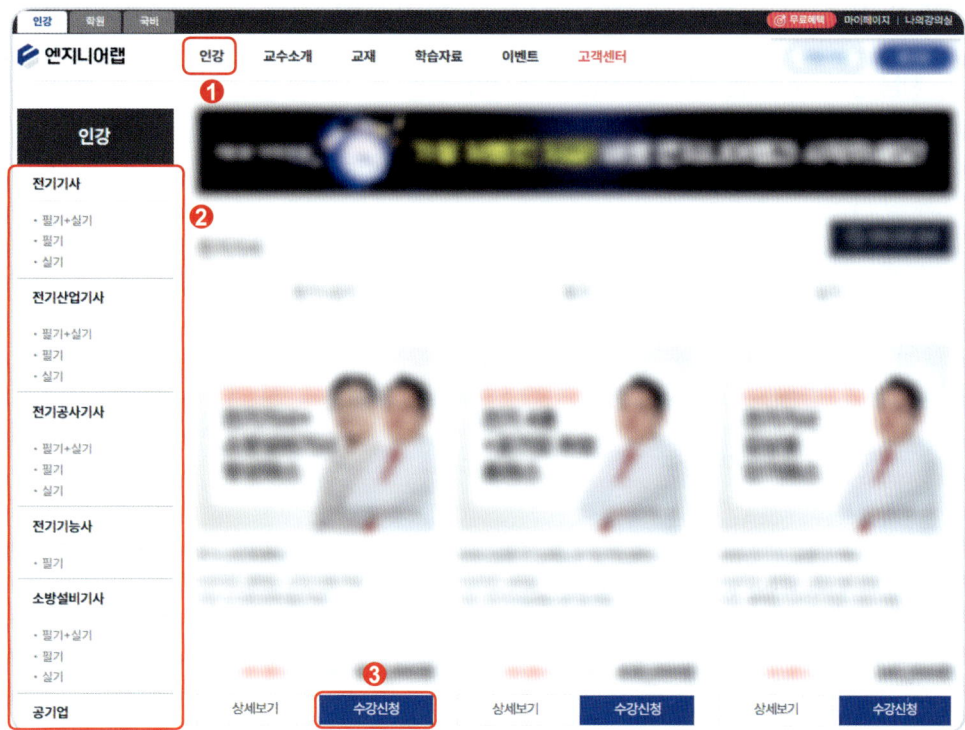

❹ 쿠폰 적용 및 결제

구매하시려는 상품과 금액을 확인하시고 최종 결제 전 잊으신 할인 혜택은 없는지 다시 한번 꼭 확인해주세요.

※ 엔지니어랩에서는 환승 할인, 대학생 할인, 내일배움카드 소지 할인 등 다양한 할인혜택을 제공하고 있으며, 자세한 내용은 「맞춤할인 혜택 확인하기」 참고 부탁드립니다.

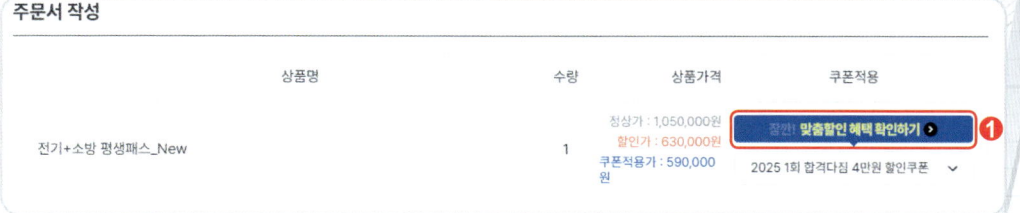

이 책의 학습 방법

1. 각 장의 이론 마지막에 필수 이론만 정리하여 별도 수록하였습니다.

- 처음 공부하시는 분이 아니시라면 핵심 요약만 학습하고 바로 필수 기출문제를 푸셔도 됩니다.
- 시험 직전에 핵심 이론을 다시 공부하시는 것도 좋습니다.

이론 요약

1. 내적 및 외적
   ① 내적(dot) : $A \cdot B = |A||B|\cos\theta$ (두 벡터의 사잇각)
   $(i \cdot i = j \cdot j = k \cdot k = 1,\ i \cdot j = j \cdot k = k \cdot i = 0)$
   ② 외적(cross) : $A \times B = |A||B|\sin\theta$
   $(i \times i = j \times j = k \times k = 0,\ i \times j = k,\ j \times k = i,\ k \times i = j)$

2. 벡터의 미분연산자
   $\nabla = grad = \dfrac{\partial}{\partial x}i + \dfrac{\partial}{\partial y}j + \dfrac{\partial}{\partial z}k$
   cf) 전위경도 $grad\,V = \dfrac{\partial V}{\partial x}i + \dfrac{\partial V}{\partial y}j + \dfrac{\partial V}{\partial z}k$

3. 벡터의 발산 및 회전

2. CBT 필기시험 대비 필수 기출문제

- 최근 출제경향을 고려하여 꼭 나올만한 문제들만 추려서 수록하여 학습부담을 줄였습니다.
- 시험장에 가시기 전에 꼭 풀어보세요.

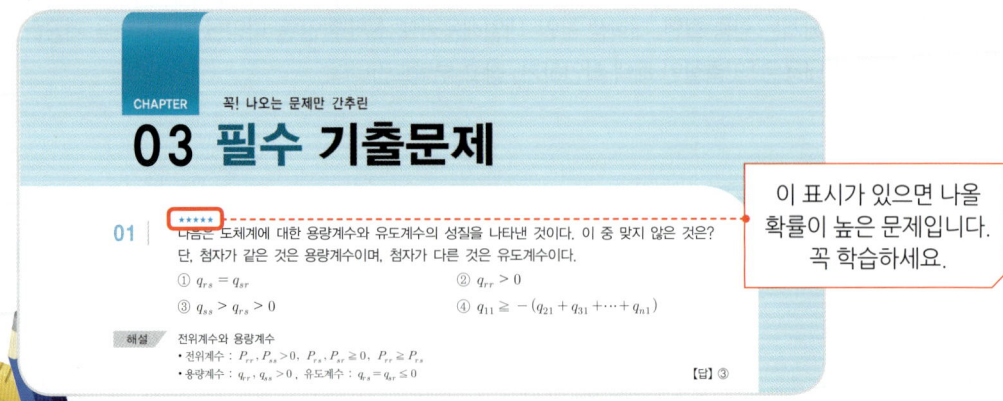

이 표시가 있으면 나올 확률이 높은 문제입니다. 꼭 학습하세요.

3. 국내 유일 실시간 강의 유튜브 김상훈 TV

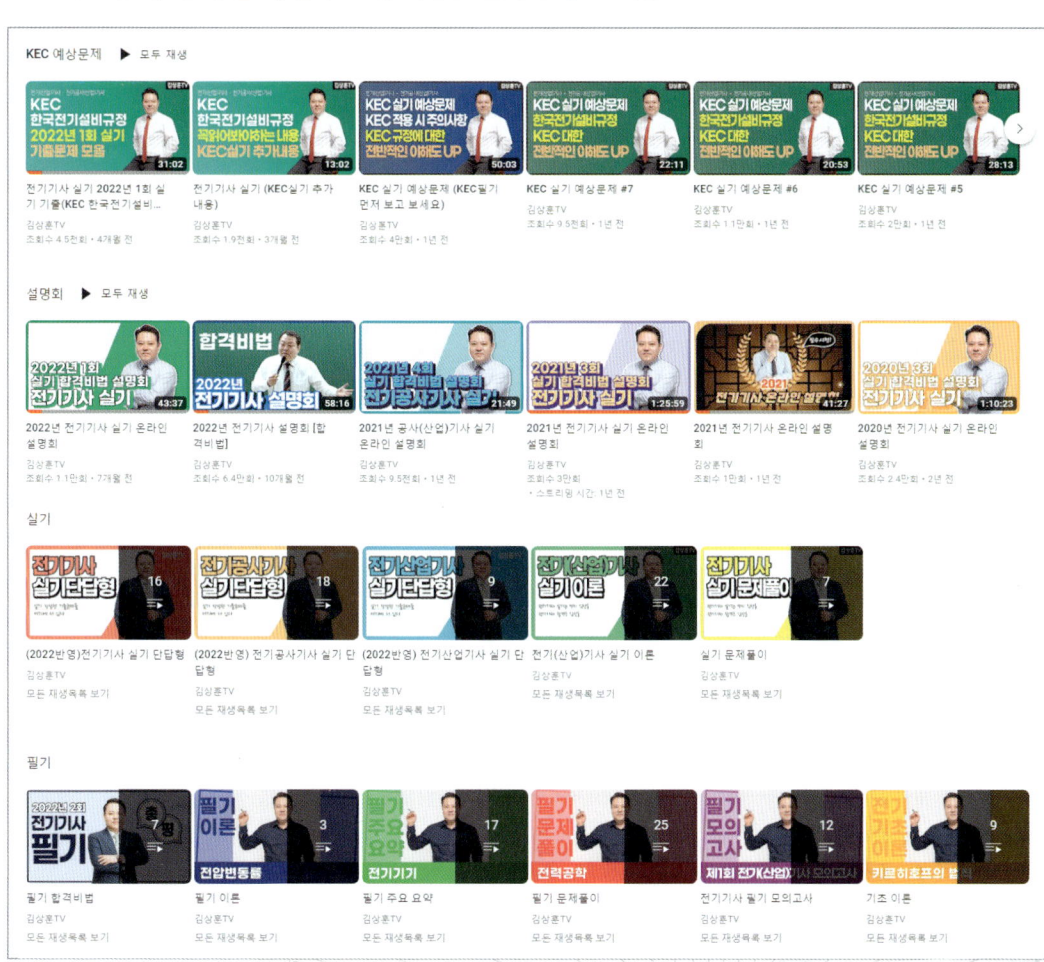

- 목표는 오직 좀 더 많은 수험생들의 합격!
- 국내 유일의 유튜브 실시간 Live 강의(유튜브 김상훈 TV 검색)
- 합격 설명회, 실기, 필기, 공무원 등 다양한 콘텐츠 무료 시청

※ 자세한 강의 시간표는 다음 일렉킴 카페(https://cafe.daum.net/eleckimedu) 〉 유튜브 방송 시간표 참고

이 책의 목차

회차별 학습 체크 리스트

문제 풀이와 동영상 학습 횟수를 체크하여 스케줄 관리도 하고, 학습 속도도 조절할 수 있습니다.

이제는 합격이다

- CBT 모의고사 안내 ······················· 4
- 유료 강의 수강 안내 ····················· 6
- 이 책의 학습 방법 ························· 8
- 회차별 학습 체크 리스트 ············· 10
- 편저자/감수자의 말 ····················· 12

학습

01 벡터 해석 ····························· 14	☐☐☐
– 필수 기출문제 ·················· 22	☐☐☐
02 진공 중의 정전계 ················· 24	☐☐☐
– 필수 기출문제 ·················· 41	☐☐☐
03 도체계와 정전용량 ··············· 52	☐☐☐
– 필수 기출문제 ·················· 62	☐☐☐
04 유전체 ······························ 69	☐☐☐
– 필수 기출문제 ·················· 78	☐☐☐
05 전기영상법 ························· 87	☐☐☐
– 필수 기출문제 ·················· 91	☐☐☐

		학습
06 전류 ··· 94		☐☐☐
– 필수 기출문제 ························· 99		☐☐☐
07 진공 중의 정자계 ······················ 103		☐☐☐
– 필수 기출문제 ······················· 122		☐☐☐
08 자성체와 자기회로 ···················· 132		☐☐☐
– 필수 기출문제 ······················· 142		☐☐☐
09 전자유도 ···································· 152		☐☐☐
– 필수 기출문제 ······················· 158		☐☐☐
10 인덕턴스 ···································· 162		☐☐☐
– 필수 기출문제 ······················· 173		☐☐☐
11 전자계 ·· 180		☐☐☐
– 필수 기출문제 ······················· 186		☐☐☐

편저자의 말

1970년대 중반부터 시행된 전기 분야 국가기술자격시험은 일부 개정을 거쳐 현재에 이르고 있으며, 시험 합격을 위해서는 그에 맞는 전략과 노력이 필요합니다.

최근 5년 동안의 시험 경향을 보면 확실히 예전보다는 조금 어려워졌습니다. 예전처럼 그냥 외우는 방법으로는 어렵고, 이론을 이해해야 풀 수 있는 문제들이 많아지고 있기 때문입니다. 특히 필기시험은 출제 경향이 크게 다르지 않은데, 실기시험은 회차별로 난이도 차이가 크게 나고 예전보다 문제수도 늘어나 좀 더 세분화되었다고 볼 수 있습니다.

그러므로 합격의 전략은 새로운 경향을 찾는 것보다는 많이 출제되었던 기출문제를 공부하되 이론을 같이 공부하는 것이 빠른 합격에 유리할 수 있습니다.

또 전기기사 출제 경향을 합격자 수로 이야기하는 경우가 많지만, 작년에 합격자 수가 많았다고 해서 올해 꼭 적게 나오는 것은 아닙니다. 약간씩 출제 경향의 변화가 있지만 난이도는 거의 대동소이하며, 수급 조절은 3~5년으로 보기 때문에 수험생 스스로 섣부른 판단은 하지 않도록 해야 합니다.

필자는 10여 년 전부터 현재까지 오프라인 학원, 수많은 온라인 교육 및 EBS 강의를 진행하면서 많은 수험생을 접하며 그들이 가지고 있는 고충과 애로사항을 청취한 결과, 국가기술자격시험 합격을 위한 보다 쉽고 확실한 해법을 주기 위하여 이 교재를 집필하게 되었습니다.

본 수험서의 특징은 그간 어렵게 생각했던 문제를 쉽게 해설하여 수험생들이 혼자 공부할 수 있게 하고, 매년 출제 빈도를 반영하여 문제마다 별 표시를 해 중요 부분을 확인할 수 있게 함으로써 시험 대비 시 공부의 효율을 높이도록 한 점입니다.

아무쪼록 본 수험서로 공부하는 모든 분이 합격하시기를 기원하며, 마지막으로 본 수험서가 출간되기까지 큰 노력을 기울여주신 한빛전기수험연구회 여러분들과 도서출판 윤조 배용석 대표님께 감사의 말씀을 전합니다.

편저자 김상훈

감수자의 말

현대 사회에서 전기의 중요성은 날로 커지고 있으며, 일정한 자격을 갖춘 전문가들에 의해 여러 가지 기술의 개발과 발전이 이루어지고 있습니다. 이러한 전기 분야의 전문가를 국가기술자격시험을 통해 선발하기 때문에 이 시험의 비중이 날로 증가하고 있는 추세입니다.

우리 연구회 일동은 전기 분야 교육의 전문가이신 김상훈 박사가 책 출간 후 5년간의 노하우와 새로운 경향을 반영하는 개정 작업의 감수에 참여하게 되어 기쁜 마음으로 더욱더 좋은 책, 수험생들이 쉽게 이해할 수 있는 책이 되도록 노력하였습니다.

아무쪼록 본 수험서로 공부하는 수험생 모두가 합격하여 우리나라 전기 분야에 이바지하는 전문가들로 성장하기를 기원합니다.

한빛전기수험연구회 일동

PART 01
전기자기학

1. 벡터 해석
2. 진공 중의 정전계
3. 도체계와 정전용량
4. 유전체
5. 전기영상법
6. 전류
7. 진공 중의 정자계
8. 자성체와 자기회로
9. 전자유도
10. 인덕턴스
11. 전자계

1과목이니만큼 새로운 유형의 문제가 가장 많이 출제됩니다.
기본 과정에서 출제 기준에 맞춰 꼼꼼하게 공부해야 합니다.

CHAPTER 01 벡터 해석

스칼라(scalar)와 벡터(vector) · 기본 벡터와 단위 벡터 · 벡터 가감법 · 좌표계(Coordinate System) · 벡터의 곱 · 벡터의 미분 · 벡터의 발산과 회전 · Stokes(스토크스)의 정리 · 발산의 정리 · 라플라시안(Laplacian)

스칼라(scalar)와 벡터(vector)

일반적으로 물리량을 표현하는 방법으로는 스칼라량과 벡터량을 사용한다.

1 스칼라량(scalar)

크기만을 가진 양으로 길이, 온도, 질량, 속력, 전위(전기적인 위치에너지), 자위(자기적인 위치에너지), 에너지 등을 나타내는 값이다.

2 벡터량(vector)

크기와 방향을 가진 양으로 힘, 속도, 가속도, 전계의 세기, 자계의 세기 등을 나타내며 표기는 다음과 같다.

벡터의 표시 : A, $\vec{A}$, $\tilde{A}$

기본 벡터와 단위 벡터

벡터 연산 및 해석에서 반드시 필요한 벡터로는 기본 벡터와 단위 벡터가 있다.

1 기본 벡터(Basic vector)

① 벡터의 방향을 나타내는 벡터로서 크기는 1이며 각 방향을 지시하는 벡터이다.

② 기본 벡터의 방향 표시는 다음과 같다.
- x축 방향 → i
- y축 방향 → j
- z축 방향 → k

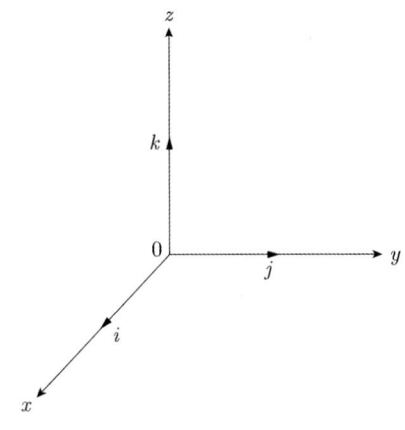

2 단위 벡터(Unit vector)

① 크기는 1이며 방향만을 지시하는 벡터이다.

벡터 $A = |A|a_0$ 여기서, a_0 : 방향, $|A|$: 크기

② 벡터 $A = A_x i + A_y j + A_z k$ 라면

- 크기 : $|A| = \sqrt{A_x^2 + A_y^2 + A_z^2}$
- 방향 : $a_0 = \dfrac{A}{|A|} = \dfrac{A_x i + A_y j + A_z k}{\sqrt{A_x^2 + A_y^2 + A_z^2}} = \dfrac{A_x}{|A|}i + \dfrac{A_y}{|A|}j + \dfrac{A_z}{|A|}k$

벡터 가감법

두 개 이상의 벡터를 가감하는 방법에는 평행사변형법, 삼각형법, 일반적인 방법의 3가지로 나타낼 수 있다.

1 평행사변형법

평행사변형법은 두 벡터의 시점이 같은 경우의 가감에 사용되며 두 벡터의 차를 구하는 경우는 반대 방향 벡터를 더하는 형태로 만들어진다.

① 두 벡터의 합 : $A + B$

② 두 벡터의 차 : $A - B = A + (-B)$

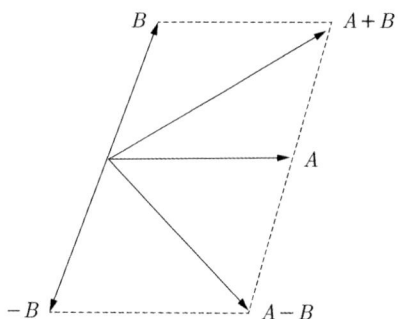

2 삼각형법

삼각형법은 한 벡터의 종점에서 다른 벡터가 시작하는 경우에 사용되는 형태이다.

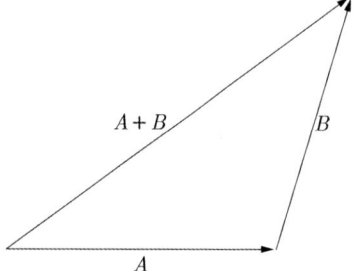

3 일반적인 방법

일반적인 방법은 두 벡터의 같은 성분만을 가감하는 방법으로 일반적인 벡터 해석에서 가장 많이 사용되는 형태이다.

여기서, 두 개의 서로 다른 벡터 A, B를 정의하면 다음과 같다.

$$A = A_x i + A_y j + A_z k$$
$$B = B_x i + B_y j + B_z k$$

두 벡터 A, B의 합과 차는 다음과 같이 구할 수 있다.

$$A \pm B = (A_x \pm B_x)i + (A_y \pm B_y)j + (A_z \pm B_z)k$$

좌표계(Coordinate System)

벡터 연산에서 사용되는 좌표계는 크게 직각좌표계(cartesian coordinate system), 원통좌표계(cylindrical coordinate system), 구좌표계(spherical coordinate system)의 세 가지이며, 이들 중 원통좌표계와 구좌표계는 사용하지 않는다.

1 직각좌표계(x, y, z)

그림과 같이 x, y, z축의 성분을 가진 벡터를 $A = A_x i + A_y j + A_z k$로 나타낼 수 있다.

벡터 A의 크기는 $|A| = \sqrt{A_x^2 + A_y^2 + A_z^2}$로 나타낼 수 있으며 방향은

$$a_0 = \frac{A}{|A|} = \frac{A_x i + A_y j + A_z k}{\sqrt{A_x^2 + A_y^2 + A_z^2}} = \frac{A_x}{|A|}i + \frac{A_y}{|A|}j + \frac{A_z}{|A|}k$$ 로

나타낸다.

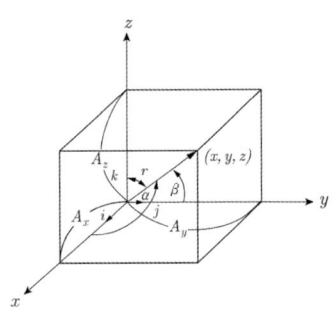

이때 벡터의 방향을 cos(여현)으로 표현한 것을 방향여현(directional cosine)이라 하며 이를 통하여 벡터의 방향을 표시하면 다음과 같다.

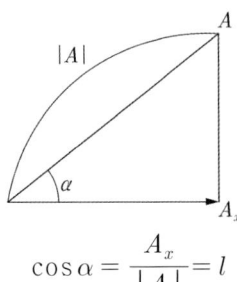
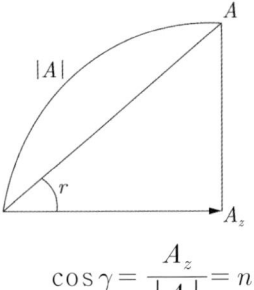

$$\cos\alpha = \frac{A_x}{|A|} = l \qquad \cos\beta = \frac{A_y}{|A|} = m \qquad \cos\gamma = \frac{A_z}{|A|} = n$$

따라서, 벡터의 방향을 방향여현을 이용하여 나타내면 다음과 같다.

$$a_0 = \frac{A}{|A|} = \frac{A_x i + A_y j + A_z k}{\sqrt{A_x^2 + A_y^2 + A_z^2}} = \frac{A_x}{|A|}i + \frac{A_y}{|A|}j + \frac{A_z}{|A|}k = li + mj + nk$$

벡터의 곱

두 벡터의 곱은 내적(scalar product)과 외적(vector product)이 사용되며 연산의 결과에 따라 사용되며 결과가 스칼라량인 경우 내적을, 결과가 벡터량인 경우 외적으로 구한다.

1 내적(스칼라곱, dot product)

두 벡터 곱의 결과가 스칼라인 경우에 사용되며 두 벡터 크기의 곱에 사잇각을 곱한 것으로 계산되며 이것을 식으로 나타내면 다음과 같다.

$$A \cdot B = |A||B|\cos\theta$$

여기서, 두 벡터의 사잇각은 다음과 같이 구할 수 있다.

$$\cos\theta = \frac{A \cdot B}{|A||B|}$$

여기서, 두 벡터의 사잇각 θ는 부호가 반대가 되더라도 cos 값이 달라지지 않으므로 다음과 같이 교환법칙이 성립된다.

$$A \cdot B = B \cdot A$$

또한 단위 벡터 사이의 계산은 같은 성분인 경우는
$i \cdot i = |1||1|\cos 0° = 1$이므로
$i \cdot i = j \cdot j = k \cdot k = 1$과 같이 된다.

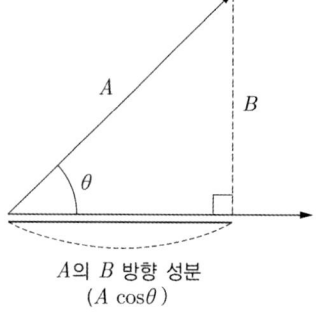

A의 B 방향 성분
($A\cos\theta$)

그러나, 다른 성분인 경우는 $i \cdot j = |1||1|\cos 90° = 0$이므로 $i \cdot j = j \cdot k = k \cdot i = 0$과 같이 된다.

따라서 두 개의 서로 다른 벡터 A, B를 다음과 같이 정의하면

$$A = A_x i + A_y j + A_z k$$
$$B = B_x i + B_y j + B_z k$$

두 벡터 A, B의 내적은 다음과 같이 구할 수 있다.

$$A \cdot B = A_x B_x + A_y B_y + A_z B_z$$

2 외적(벡터곱, cross product)

두 벡터 곱의 결과가 벡터인 경우에 사용되며 두 벡터를 두 면으로 하는 평행사변형의 면적을 구하는 것이다. 이것을 식으로 나타내면 다음과 같다.

$$A \times B = |A||B|\sin\theta$$

여기서, 두 벡터의 사잇각 θ는 부호가 반대가 되면 sin 값이 달라지므로 교환법칙은 성립되지 않는다.

$$A \cdot B \neq B \cdot A$$

또한 단위 벡터 사이의 계산은 같은 성분인 경우는
$i \times i = |1||1|\sin 0° = 0$이므로
$i \times i = j \times j = k \times k = 0$과 같이 된다.

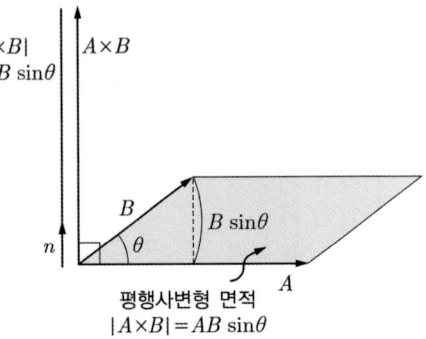

그러나, 다른 성분인 경우는 벡터의 회전량으로 계산하면 다음과 같다.

$$i \times j = k, \quad j \times i = -k$$
$$j \times k = i, \quad k \times j = -i$$
$$k \times i = j, \quad i \times k = -j$$

따라서 여기서, 두 개의 서로 다른 벡터 A, B를 다음과 같이 정의하면

$$A = A_x i + A_y j + A_z k$$
$$B = B_x i + B_y j + B_z k$$

두 벡터 A, B의 외적은 다음과 같이 구할 수 있다.

$$A \times B = \begin{vmatrix} i & j & k \\ A_x & A_y & A_z \\ B_x & B_y & B_z \end{vmatrix}$$
$$= (A_y B_z - A_z B_y)i + (A_z B_x - A_x B_z)j + (A_x B_y - A_y B_x)k$$

벡터의 미분

1 벡터의 미분연산자

① ∇ (del, nabla)

② 미분연산자 $\nabla = \dfrac{\partial}{\partial x} i + \dfrac{\partial}{\partial y} j + \dfrac{\partial}{\partial z} k$

2 스칼라함수의 기울기

① 스칼라함수의 기울기 : gradient(grad)

② grad = $\nabla = \dfrac{\partial}{\partial x}i + \dfrac{\partial}{\partial y}j + \dfrac{\partial}{\partial z}k$

스칼라함수의 기울기를 나타내는 gradient의 전위 경도를 통하여 예를 들면 다음과 같다.
전위경도 grad V = $\nabla \cdot V$

$$= (\dfrac{\partial}{\partial x}i + \dfrac{\partial}{\partial y}j + \dfrac{\partial}{\partial z}k) \cdot V$$

$$= \dfrac{\partial V}{\partial x}i + \dfrac{\partial V}{\partial y}j + \dfrac{\partial V}{\partial z}k$$

벡터의 발산과 회전

1 벡터의 발산(divergence)

벡터의 발산(divergence)은 내적으로 구하고 물리적으로는 발산량(스칼라량)으로 계산한다. 이를 식으로 표현하면 다음과 같다.

$$\mathrm{div} A = \nabla \cdot A = (\dfrac{\partial}{\partial x}i + \dfrac{\partial}{\partial y}j + \dfrac{\partial}{\partial z}k) \cdot (A_x i + A_y j + A_z k)$$

$$= \dfrac{\partial A_x}{\partial x} + \dfrac{\partial A_y}{\partial y} + \dfrac{\partial A_z}{\partial z}$$

2 벡터의 회전(rotation)

벡터의 회전(rotation)은 외적으로 구하고 물리적으로는 회전량(벡터량)으로 계산한다. 이를 식으로 표현하면 다음과 같다.

$\mathrm{rot} A = \mathrm{curl} A = \nabla \times A$

$$= \begin{vmatrix} i & j & k \\ \dfrac{\partial}{\partial x} & \dfrac{\partial}{\partial y} & \dfrac{\partial}{\partial z} \\ A_x & A_y & A_z \end{vmatrix}$$

$$= (\dfrac{\partial A_z}{\partial y} - \dfrac{\partial A_y}{\partial z})i + (\dfrac{\partial A_x}{\partial z} - \dfrac{\partial A_z}{\partial x})j + (\dfrac{\partial A_x}{\partial x} - \dfrac{\partial A_y}{\partial y})k$$

Stokes(스토크스)의 정리

Stokes(스토크스)의 정리는 임의의 폐곡면에 대한 벡터계 A의 회전의 면적분은 폐곡면 주변을 따라 벡터계 A의 선적분과 같으며 이를 정리하면 다음과 같다.
- 선적분과 면적분의 관계식
- 어떤 벡터의 폐곡선에 따른 선적분은 그 벡터의 회전을 폐곡선이 만드는 면적에 대하여 면적 적분한 것과 같다.

$$\int_c A \cdot dl = \int_s (\text{rot} A)_n dS$$
$$\int_c A \cdot dl = \iint (\text{rot} A)_n dS$$

발산의 정리

발산의 정리는 임의의 폐곡면 내의 단위 체적당에서 발산되는 유량의 체적에 대한 총합은, 체적 표면을 통하여 유출하는 양과 같으며 이를 정리하면 다음과 같다.
- 면적분과 체적 적분의 관계식
- 어떤 벡터의 폐곡선에서 발산되는 양은 면적 적분한 것과 같다.

$$\int_c A \cdot ds = \int_s (\text{div} A) dv$$
$$\iint A \cdot ds = \iiint (\text{div} A) dv$$

라플라시안(Laplacian)

두 벡터의 미분연산자의 스칼라곱으로 다음과 같이 표시된다.

$$\nabla^2 = \nabla \cdot \nabla = \left(\frac{\partial}{\partial x}i + \frac{\partial}{\partial y}j + \frac{\partial}{\partial z}k\right) \cdot \left(\frac{\partial}{\partial x}i + \frac{\partial}{\partial y}j + \frac{\partial}{\partial z}k\right)$$
$$= \frac{\partial^2}{\partial x^2} + \frac{\partial^2}{\partial y^2} + \frac{\partial^2}{\partial z^2}$$

이론 요약

1. 내적 및 외적

① 내적(dot) : $A \cdot B = |A||B|\cos\theta$ (두 벡터의 사잇각)

$$(i \cdot i = j \cdot j = k \cdot k = 1,\ i \cdot j = j \cdot k = k \cdot i = 0)$$

② 외적(cross) : $A \times B = |A||B|\sin\theta$

$$(i \times i = j \times j = k \times k = 0,\ i \times j = k,\ j \times k = i,\ k \times i = j)$$

2. 벡터의 미분연산자

$$\nabla = grad = \frac{\partial}{\partial x}i + \frac{\partial}{\partial y}j + \frac{\partial}{\partial z}k$$

cf) 전위경도 $grad\ V = \dfrac{\partial V}{\partial x}i + \dfrac{\partial V}{\partial y}j + \dfrac{\partial V}{\partial z}k$

3. 벡터의 발산 및 회전

① 벡터의 발산 : $div\ A = \nabla \cdot A$

② 벡터의 회전 : $A = curl\ A = \nabla \times A$

4. l(선) → 스토크스의 정리 → s(면적) → 발산의 정리 → v(체적)

① 스토크스의 정리 : $\displaystyle\int_l E \cdot dl = \int_s rot\ E\ ds$

② 발산의 정리 : $\displaystyle\int_s E\ ds = \int_v div E\ dv$

CHAPTER 01 필수 기출문제

꼭! 나오는 문제만 간추린

01 $A=-i7-j$, $B=-i3-j4$의 두 벡터가 이루는 각은 몇 도인가?
① 30 ② 45
③ 60 ④ 90

해설 두 벡터의 사잇각을 구하는 경우 벡터의 내적이 유리하며
$A \cdot B = |A||B|\cos\theta$에서
$$\cos\theta = \frac{A \cdot B}{|A||B|}$$
$$= \frac{(-7)\times(-3)+(-1)\times(-4)}{\sqrt{(-7)^2+(-1)^2}\sqrt{(-3)^2+(-4)^2}} = \frac{21+4}{\sqrt{50}\times\sqrt{25}} = \frac{25}{25\sqrt{2}} = \frac{1}{\sqrt{2}}$$
【답】②

02 벡터의 미분연산자 ∇와 벡터 A와의 벡터적과 관계없는 것은?
① $\mathrm{curl}A$ ② $\nabla \times A$
③ $\mathrm{div}A$ ④ $\mathrm{rot}A$

해설
- 벡터적(외적) : 결과가 벡터량 $\mathrm{rot}A = \nabla \times A = \mathrm{curl}A$
- 스칼라적(내적) : 결과가 스칼라량 $\mathrm{div}A = \nabla \cdot A$

【답】③

03 V를 임의의 스칼라라 할 때 $\mathrm{grad}\,V$의 직각좌표에 있어서의 표현은?
① $\frac{\partial V}{\partial x}+\frac{\partial V}{\partial y}+\frac{\partial V}{\partial z}$ ② $i\frac{\partial V}{\partial x}+j\frac{\partial V}{\partial y}+k\frac{\partial V}{\partial z}$
③ $\frac{\partial^2 V}{\partial x^2}+\frac{\partial^2 V}{\partial y^2}+\frac{\partial^2 V}{\partial z^2}$ ④ $i\frac{\partial^2 V}{\partial x^2}+j\frac{\partial^2 V}{\partial y^2}+k\frac{\partial^2 V}{\partial z^2}$

해설 스칼라함수의 기울기 : gradient(grad)
- $\mathrm{grad} = \nabla = \frac{\partial}{\partial x}i + \frac{\partial}{\partial y}j + \frac{\partial}{\partial z}k$
- 전위 경도 $\mathrm{grad}\,V = \nabla \cdot V = (\frac{\partial}{\partial x}i + \frac{\partial}{\partial y}j + \frac{\partial}{\partial z}k) \cdot V = \frac{\partial V}{\partial x}i + \frac{\partial V}{\partial y}j + \frac{\partial V}{\partial z}k$

【답】②

04 ★★★★★ $A=i-j+3k$, $B=i+ak$일 때 벡터 A가 수직이 되기 위한 a의 값은? 단, i, j, k는 x, y, z 방향의 기본 벡터이다.
① -2 ② $-\frac{1}{3}$
③ 0 ④ $\frac{1}{2}$

해설 두 벡터의 사잇각을 구하는 경우 벡터의 내적이 유리하며
이때, A와 B가 수직이 되기 위한 조건은 $A \cdot B = |A||B|\cos 90° = 0$이므로
$A \cdot B = 1 + 3a = 0$에서 $a = -\frac{1}{3}$
【답】②

05 ★★★★★ 스토크스(Stokes) 정리를 표시하는 식은?

① $\int_s A \cdot dS = \int_v \text{div} A \cdot dV$ 　　　② $\int_c A \cdot dl = \int_v \text{div} A \, dV$

③ $\int_c A \cdot dl = \int_s (\text{rot} A)_n dS$ 　　　④ $\int_s A \cdot dS = \int_s \text{rot} A \cdot n \, dS$

해설 Stokes의 정리
- 선적분과 면적분의 관계식
- 어떤 벡터의 폐곡선에 따른 선적분은 그 벡터의 회전을 폐곡선이 만드는 면적에 대하여 면적 적분한 것과 같다.
- $\int_c A \cdot dl = \int_s (\text{rot} A)_n dS$

【답】③

CHAPTER 02 진공 중의 정전계

물질의 구성·정전계(Electrostatic field)·쿨롱의 법칙·전계(전장)의 세기·전기력선·전위(electrical potential energy)·가우스의 법칙을 이용한 전계의 세기·전속과 전속밀도·정전응력·전기력선 발산·전기력선 방정식·전기쌍극자·전기이중층

물질의 구성

물질의 구성은 전자와 양자 그리고 중성자로 구성된다.

1 원자핵

양자와 중성자로 구성된다.

2 전자

전자는 양자보다 1,840배 질량이 적으며 음전하(-)를 띠고 있다.

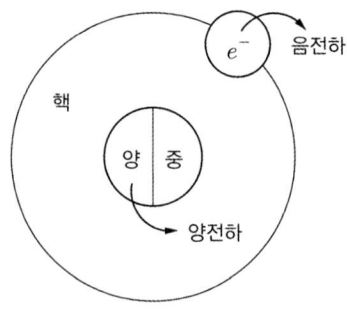

3 전자와 양자, 중성자의 전하량과 질량

물질을 구성하는 전자와 양자, 중성자의 전하량과 질량은 다음과 같다.

구성	전하량	질량
양자	$+1.602 \times 10^{-19}$ [C]	1.673×10^{-27} [kg]
중성자	0	1.673×10^{-27} [kg]
전자	$e = -1.602 \times 10^{-19}$ [C]	9.109×10^{-31} [kg]

4 전자의 전하량을 질량으로 나눈 값

전자의 비전하는 그 전자의 전하량을 질량으로 나눈 값으로 다음과 같다.

$$\frac{e}{m} = \frac{-1.602 \times 10^{-19}}{9.109 \times 10^{-31}} = -1.759 \times 10^{11} [\text{C/kg}]$$

정전계(Electrostatic field)

전계(전장)는 "전기력선이 미치는 공간" 또는 "전하량에 의해 전기적인 힘이 작용되는 공간"으로 나타내며 전하에 의해 발생되는 전계가 시간에 따라 변하지 않는 일정한 전계를 정전계(electrostatic field)라 한다. 이러한 정전계의 특성은 다음과 같다.

1 정전계

전계가 보유한 에너지가 최소가 되도록 형성된 계(field)이며
운동에너지는 0이고 위치에너지는 최소인 계(field)로 정의된다.

2 전기력선

양전하에서 시작하여 음전하에서 종착된다.
① 흡인력 : 다른 전하와의 관계

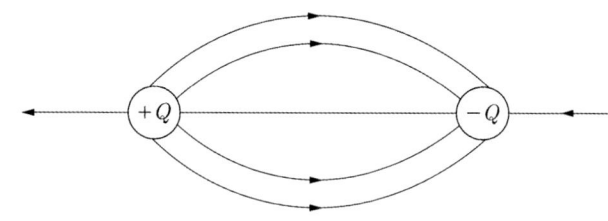

② 반발력 : 같은 전하와의 관계

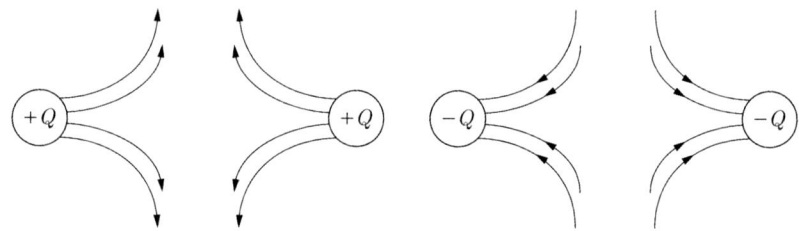

쿨롱의 법칙

쿨롱의 법칙은 두 전하 사이에 미치는 힘을 나타낸 것으로 다음과 같은 식에 의해서 구할 수 있다.

1 쿨롱의 힘

$$F = k\frac{Q_1 Q_2}{r^2}\,[\mathrm{N}]$$

① k : 쿨롱 상수

$k = \dfrac{1}{4\pi\epsilon_o} = 9 \times 10^9$

② ϵ_o : 진공 또는 공기 중의 유전율

$$\epsilon_0 = 8.855 \times 10^{-12} [\text{F/m}]$$

$$\therefore F = k\frac{Q_1 Q_2}{r^2} = \frac{Q_1 Q_2}{4\pi\epsilon_0 r^2} = 9 \times 10^9 \times \frac{Q_1 Q_2}{r^2} [\text{N}]$$

2 쿨롱의 법칙

① 두 전하 사이의 힘은 두 전하의 곱에 비례한다.
② 두 전하 사이의 힘은 두 전하의 거리의 제곱에 반비례한다.
③ 두 전하 사이의 힘은 두 전하를 연결하는 일직선상에 존재한다.
④ 두 전하 사이의 힘은 주위 매질에 따라 달라진다.

예 $Q_A = 4 \times 10^{-6}[\text{C}]$, $Q_B = 2 \times 10^{-6}[\text{C}]$, $Q_C = 5 \times 10^{-6}[\text{C}]$의 전하를 가진 작은 도체구 A, B, C 가 진공 중에서 일직선상에 놓여질 때 B 구에 작용하는 힘[N]을 구하면?

B 구에 작용하는 힘은 전하의 극성이 같으므로 반대 힘
이 작용하며

- A에서 B로 작용하는 힘 : F_{AB}
- C에서 B로 작용하는 힘 : F_{CB}

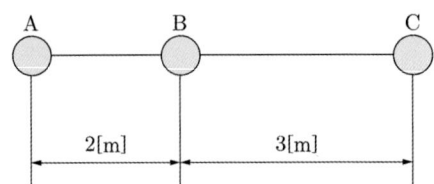

따라서, B 구에 작용하는 힘은 $F_B = F_{AB} - F_{CB}$이므로

$$F_B = F_{AB} - F_{CB}$$
$$= \frac{Q_A Q_B}{4\pi\epsilon_0 r_{AB}^2} - \frac{Q_B Q_C}{4\pi\epsilon_0 r_{BC}^2}$$
$$= 9 \times 10^9 \times 2 \times 10^{-6} \times \left(\frac{4 \times 10^{-6}}{2^2} - \frac{5 \times 10^{-6}}{3^2}\right) = 0.8 \times 10^{-2} [\text{N}]$$

전계(전장)의 세기

1 전계의 세기

전계의 세기의 정의는 전계 내에서 $Q[\text{C}]$의 점전하가 단위 정전하($Q = +1[\text{C}]$)에 작용하는 쿨롱의 힘을 나타낸 것이다.
따라서 전계의 세기(전장의 세기)는 다음 식으로 나타낼 수 있다.

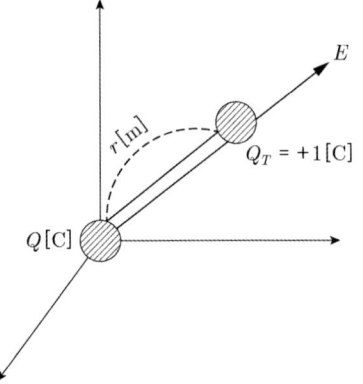

$$E = \frac{Q \times 1}{4\pi\epsilon_0 r^2} = \frac{Q}{4\pi\epsilon_0 r^2} = 9 \times 10^9 \times \frac{Q}{r^2} [\text{V/m}]$$

2 전계의 세기 단위

전계의 세기 단위는 쿨롱의 힘과 전계의 관계식에서 유추할 수 있으며 다음과 같다.

쿨롱의 힘 $F = QE$에서

전계의 세기는 $E = \dfrac{F}{Q}$ [V/m], [N/C]와 같다.

이때 전계의 세기 단위를 다른 방법으로 표현하면 다음과 같다.

$$\left[\frac{N}{C}\right] = \left[\frac{N \cdot m}{C \cdot m}\right] = \left[\frac{J}{C \cdot m}\right] = \left[\frac{V}{m}\right] = \left[\frac{A \cdot \Omega}{m}\right]$$

전기력선

전기력선은 전력이 분포되어 있는 모양을 그림으로 표시한 것으로 전계의 세기를 나타내기 위한 가상선이다.

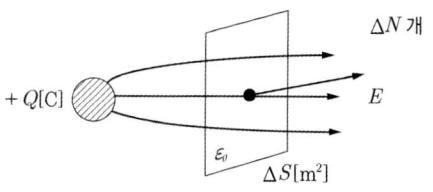

1 정전계에서 전기력선의 성질

① 임의의 점에서 전계의 방향은 전기력선의 접선 방향이다.
② 임의의 점에서 전계의 세기는 전기력선 밀도와 같다.
　이를 통하여 가우스의 법칙이 만들어지며

　가우스의 법칙 $E = \lim\limits_{\triangle s \to 0} \dfrac{\triangle N}{\triangle S}$에서 $E = \dfrac{dN}{dS}$

　$dN = E \cdot dS$에서 양변을 적분하면

　$\int dN = \int E\, dS$

　따라서 전기력선 수는 $N = \int_s E\, dS = \dfrac{Q}{\epsilon_0}$ [개]로 표현된다.

　여기서, 전계의 세기를 구하기 위한 방법으로

　$E \cdot S = \dfrac{Q}{\epsilon_0}$이므로 전계의 세기는 $E = \dfrac{Q}{\epsilon_0 S}$ [V/m]로 구할 수 있게 된다.

③ 전기력선은 양전하에서 시작해서 음전하에서 종료된다.

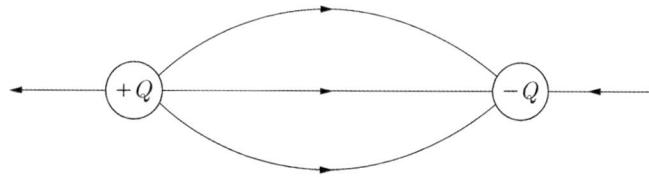

④ 두 개의 전기력선은 서로 교차하지 않는다(상호 반발력).
⑤ 전기력선은 전위가 높은 점에서 낮은 점으로 향한다.

⑥ 전기력선은 전하가 없는 곳에서 발생이나 소멸이 없다.
⑦ 전기력선은 그 자신만으로 폐곡선이 되지 않는다.

$$\oint E\, dl = 0 \text{이며 } rot\, E = 0$$

⑧ 전기력선은 도체 표면에 수직으로 출입한다.
⑨ 전기력선은 도체 내부를 통과할 수 없다.
⑩ 전기력선은 등전위면과 수직으로 교차한다.

여기서, 등전위면은 전위가 같은 면을 연결한 것으로 아래의 그림처럼 두 개의 등전위면은 서로 교차하지 않는다.

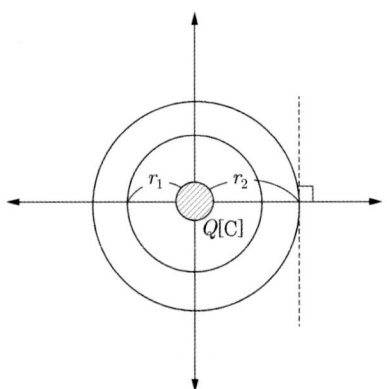

전위(electrical potential energy)

전위는 전기적인 위치에너지를 나타내는 것으로 "전계에 대하여 단위 정전하를 무한점에서 P점까지 옮기는 데 필요한 일"로 정의된다.

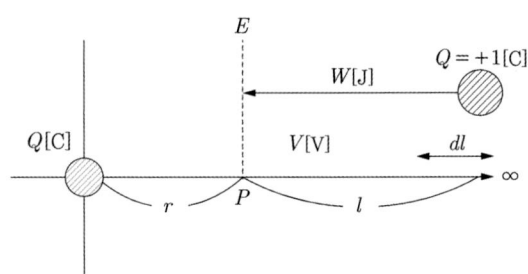

1 P점 전위 식

여기서, (−)는 전계 반대방향에 대해서 한 일의 양을 나타낸다.

$$V_P = -\int_{\infty}^{P} E \cdot dl = -\int_{\infty}^{P} \frac{Q}{4\pi\epsilon_0 r^2}\, dr = \frac{Q}{4\pi\epsilon_0}\left[-\frac{1}{r}\right]_r^{\infty} = \frac{Q}{4\pi\epsilon_0 r}\,[\text{V}]$$

2 두 점 간(A, B)의 전위차 V_{AB}

여기서, 점전하 Q로부터의 거리는 각각 r_A, r_B라 한다.

$$V_{AB} = V_A - V_B = -\int_{r_A}^{r_B} \frac{Q}{4\pi\epsilon_0 r^2}\, dr = -\frac{Q}{4\pi\epsilon_0}\left[-\frac{1}{r}\right]_{r_B}^{r_A} = \frac{Q}{4\pi\epsilon_0}\left(\frac{1}{r_A} - \frac{1}{r_B}\right)[\text{V}]$$

3 전위와 전계의 세기와의 관계

① 전계의 세기 : $E = \dfrac{Q}{4\pi\epsilon_0 r^2}$ [V/m]

② 전위 : $V = \dfrac{Q}{4\pi\epsilon_0 r}$ [V]

③ 전위와 전계의 세기와의 관계를 나타내면 전계의 세기는 전위 경도와 크기는 같고 방향은 반대이다. 그 이유는 전위 경도의 경우 전위의 증가율을 나타내는 반면 전기력선은 전위가 높은 점에서 낮은 점으로 이동하므로 전위 경도와는 반대 방향이다.

$E = \dfrac{V}{l}$ [V/m], $V = E \cdot l$ [V]

$E = -\, grad\, V = -\, \nabla \cdot V$

4 에너지(일)와 전위와의 관계

① 정전계에서의 에너지(일)는 $W = QV$로 정의되며

따라서, $W = QV = -Q\displaystyle\int_{\infty}^{P} E\, dl$ [J]

여기서, 단위 전하($Q = 1$[C])를 가지고 이동한다면

에너지 $W = QV = -Q\displaystyle\int_{\infty}^{P} E\, dl = -\displaystyle\int_{\infty}^{P} E\, dl$ [J]

② 여기서, 폐곡면을 일주한다면 전위차가 0이므로 일(에너지)은 0이 된다.

$W = QV = -Q\displaystyle\oint E\, dl = 0$

여기서, 일주라는 것은 폐곡면을 이동하므로 전위가 같게 되어(등전위면) 에너지(일)는 0이다.

가우스의 법칙을 이용한 전계의 세기

가우스의 법칙을 이용하여 전계의 세기를 구해 보면 다음과 같다.

1 도체 표면에서의 전계 세기

도체 표면의 전하밀도를 σ[C/m²]라 하면
전하량 $Q = \sigma \cdot \triangle S$이므로

전계의 세기를 가우스의 법칙을 이용하여 구하면 $E = \dfrac{Q}{\epsilon_0 S}$
이므로
따라서 전계의 세기 $E = \dfrac{\sigma}{\epsilon_0}$ [V/m]이다.

도체 표면에서의 전계의 세기는 거리와는 무관하게 된다.

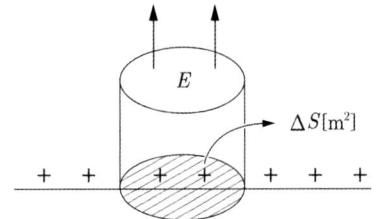

② **무한 평판에서의 전계의 세기(두께 << 면적)**

무한평면의 전하밀도를 $\sigma[C/m^2]$라 하면
전하량 $Q = \sigma \cdot \triangle S$ 이므로
전계의 세기를 가우스의 법칙을 이용하여 구하면 무한평면에서는
전기력선이 양쪽으로 발산되므로

$2E = \dfrac{Q}{\epsilon_0 S}$ 에서 따라서 전계의 세기 $E = \dfrac{\sigma}{2\epsilon_0}$ [V/m]가 된다.

무한평면에서의 전계의 세기는 거리와는 무관하게 된다.

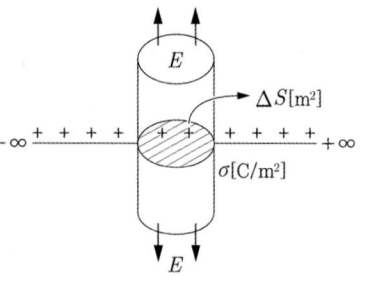

③ **두 도체 사이의 전계의 세기**

두 도체 사이의 전계의 세기는 그림에서와 같이 무한평면이 2장 존재하는 것으로 해석하며 각각의 무한 평면에 $\pm \sigma[C/m^2]$이 존재한다고 하면

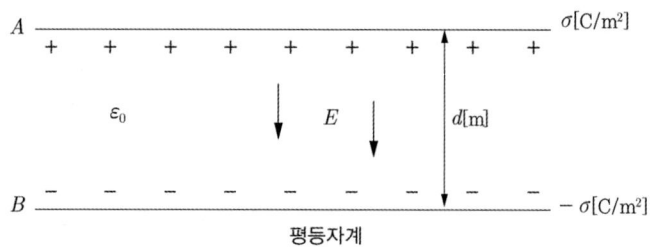

무한평면의 전하밀도를 $\sigma[C/m^2]$라 하면
전하량 $Q = \sigma \cdot \triangle S$이므로
전계의 세기를 가우스의 법칙을 이용하여 구하면

$$E = \dfrac{\sigma}{2\epsilon_0} + \dfrac{\sigma}{2\epsilon_0} = \dfrac{\sigma}{\epsilon_0}$$

따라서, 전계의 세기 $E = \dfrac{\sigma}{\epsilon_0}$ [V/m]이다.

도체 표면에서의 전계의 세기는 거리와는 무관하게 된다.

④ **구도체(점전하)**

반지름이 $a[m]$인 구도체에서의 전계의 세기는 두 가지 형태로 구할 수 있다.
일반적인 경우는 도체에 준 전하는 모두 도체 표면에 존재하는 경우이며 강제조항이라 불리는 도체의 내부에도 전하가 균일하게 분포되어 있는 경우로 생각할 수 있다.

① 도체 표면에 전하가 분포하는 경우(일반적인 경우)
도체 표면($r > a$)에서의 전계의 세기는 가우스의 법칙을 적용하면

$$E = \dfrac{Q}{\epsilon_0 S} = \dfrac{Q}{4\pi\epsilon_0 r^2}$$

여기서, 구도체 표면적 $S = 4\pi r^2 [m^2]$

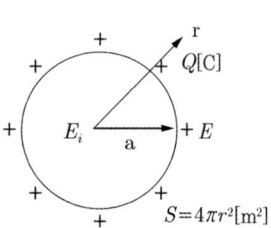

도체 내부($r < a$)에서의 전계의 세기는 도체 내부에는 전하 분포가 없으며 도체는 등전위체적이므로 도체 내부에는 전기력선이 분포할 수 없어 전계의 세기는 $E = 0$이 된다.
이것을 그래프로 나타내면 오른쪽과 같다.

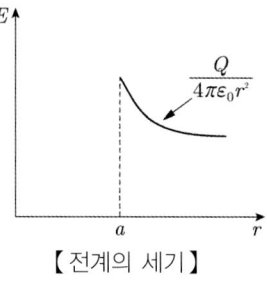
【전계의 세기】

이때 구 표면의 전위는 다음과 같다.
$$V = -\int_{\infty}^{a=r} E \cdot dl = -\int_{\infty}^{a=r} \frac{Q}{4\pi\epsilon_0 r^2}\, dr$$
$$= \frac{Q}{4\pi\epsilon_0}\left[-\frac{1}{r}\right]_r^{\infty} = \frac{Q}{4\pi\epsilon_0 r}\,[\text{V}]$$

② 도체 내부에 전하가 분포(균일 전하 분포)

도체 표면($r > a$)에서의 전계의 세기는 가우스의 법칙을 적용하면

$E = \dfrac{Q}{\epsilon_0 S} = \dfrac{Q}{4\pi\epsilon_0 r^2}$ 여기서, 구도체 표면적 $S = 4\pi r^2\,[\text{m}^2]$

도체 내부($r < a$)에서의 전계의 세기는

$E = \dfrac{Q}{\epsilon_0 S} = \dfrac{Q'}{4\pi\epsilon_0 r^2}$

여기서, 도체 내부에 분포하는 전하는 체적에 비례하므로

$Q' = \dfrac{\frac{4}{3}\pi r^3}{\frac{4}{3}\pi a^3}Q = \dfrac{r^3}{a^3}Q\,[\text{C}]$가 되며

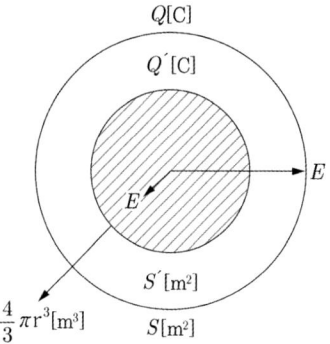

따라서 도체 내부의 전계의 세기는 거리에 비례하는 형태로 존재한다.

$E = \dfrac{Q}{\epsilon_0 S} = \dfrac{Q'}{4\pi\epsilon_0 r^2} = \dfrac{\frac{r^3}{a^3}Q}{4\pi\epsilon_0 r^2} = \dfrac{rQ}{4\pi\epsilon_0 a^3}\,[\text{V/m}]$

이것을 그래프로 나타내면 오른쪽과 같다.

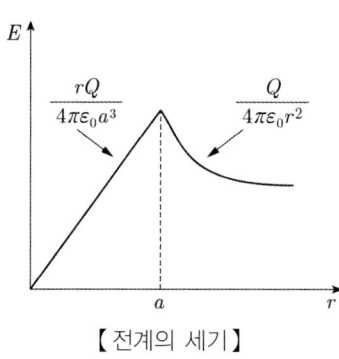
【전계의 세기】

5 축대칭 전하 분포(원통 도체, 선전하 밀도)

반지름이 a[m]이고 길이가 l[m]인 원통 도체(축대칭, 선전하 밀도)에서의 전계의 세기는 두 가지 형태로 구할 수 있다. 일반적인 경우는 도체에 준 전하는 모두 도체 표면에 존재하는 경우이며 강제조항이라 불리는 도체의 내부에도 전하가 균일하게 분포되어 있는 경우로 생각할 수 있다.

여기서, 선전하 밀도는 $\lambda = \dfrac{Q}{l}$[C/m]로 나타낼 수 있다.

따라서 선전하 밀도를 이용하여 전하량을 나타내면 $Q = \lambda \cdot l$[C]이다.

도체 표면($r > a$)에서의 전계의 세기는 가우스의 법칙을 적용하면

$E = \dfrac{Q}{\epsilon_0 S} = \dfrac{Q}{2\pi\epsilon_0 rl}$ 여기서, 원통 도체 면적 $S = 2\pi rl$[m²]

$= \dfrac{\lambda}{2\pi\epsilon_0 r}$[V/m]

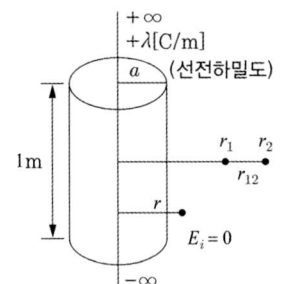

도체 내부($r < a$)에서의 전계의 세기는 구도체와 마찬가지로 도체 내부에는 전하 분포가 없으며 도체는 등전위체적이므로 도체 내부에는 전기력선이 분포할 수 없으므로 전계의 세기는 $E = 0$이 된다. 이것을 그래프로 나타내면 오른쪽과 같다.

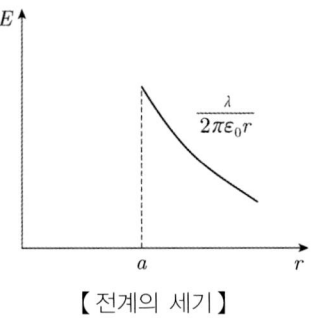

【전계의 세기】

② 도체 내부에 전하가 분포(균일 전하 분포)

도체 표면($r > a$)에서의 전계의 세기는 가우스의 법칙을 적용하면

$E = \dfrac{Q}{\epsilon_0 S} = \dfrac{Q}{2\pi\epsilon_0 rl} = \dfrac{\lambda}{2\pi\epsilon_0 r}$[V/m]

여기서, 원통 도체 면적 $S = 2\pi rl$[m²]

도체 내부($r < a$)에서의 전계의 세기는

$E = \dfrac{\lambda}{\epsilon_0 S} = \dfrac{\lambda'}{2\pi\epsilon_0 r}$

여기서, 선전하는 체적에 비례하므로

$\lambda' = \dfrac{\pi r^2 l}{\pi a^2 l}\lambda = \dfrac{r^2}{a^2}\lambda$

$E = \dfrac{\lambda}{\epsilon_0 S} = \dfrac{\lambda'}{2\pi\epsilon_0 r} = \dfrac{\dfrac{r^2}{a^2}\lambda}{2\pi\epsilon_0 r} = \dfrac{r\lambda}{2\pi\epsilon_0 a^2}$

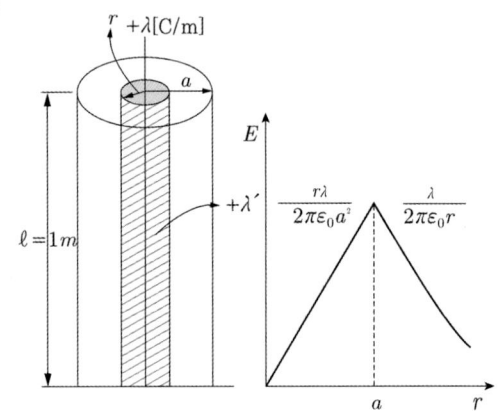

따라서 도체 내부의 전계의 세기는 거리에 비례하는 형태로 존재한다.

이것을 그래프로 나타내면 오른쪽과 같다.

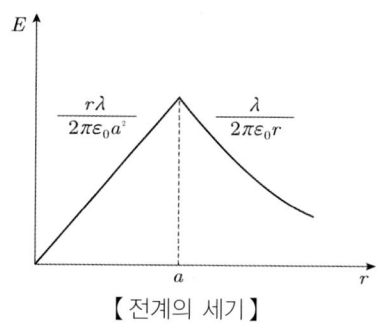

【전계의 세기】

이때 원통 도체의 전위는 다음과 같다.

- 도체 외부($a < r$)의 경우

$$V = -\int_{\infty}^{r} E \cdot dl = -\int_{\infty}^{r} \frac{\lambda}{2\pi\epsilon_0 r} \, dr$$

$$= \frac{\lambda}{2\pi\epsilon_0} [\ln r]_{r}^{\infty} = \infty \, [V]$$

- 도체 외부($a < r_1 < r_2$)의 경우

$$V = -\int_{r_2}^{r_1} E \cdot dl = -\int_{r_2}^{r_1} \frac{\lambda}{2\pi\epsilon_0 r} \, dr$$

$$= \frac{\lambda}{2\pi\epsilon_0} [\ln r]_{r_1}^{r_2} = \frac{\lambda}{2\pi\epsilon_0} \ln \frac{r_2}{r_1} \, [V]$$

전속과 전속밀도

전속(dielectric flux)은 전계의 상태를 나타내기 위한 가상의 선이다.
전속은 $\psi = Q[C]$로 표시되며 매질에 관계없이 $+Q[C]$의 전하에서 $Q[C]$의 전속이 발생된다.

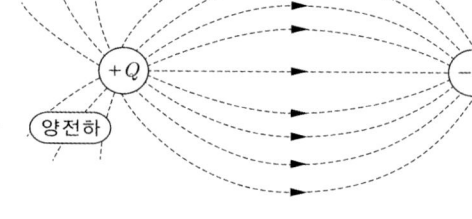

전속밀도는 면적당 전속수 즉, 전속의 밀도를 나타내며 다음과 같다.

전속밀도는 $D = \dfrac{\psi}{S} = \dfrac{Q}{S} = \dfrac{Q}{4\pi r^2} \, [C/m^2]$

여기서, 전속밀도와 전계와의 관계를 살펴보면

전계의 세기는 $E = \dfrac{Q}{4\pi\epsilon_0 r^2} \, [V/m]$이고

전속밀도는 $D = \dfrac{Q}{4\pi r^2} \, [C/m^2]$이므로 전속밀도와 전계와의 관계는 $D = \epsilon_0 E$로 나타낼 수 있다.

정전응력

응력은 단위 면적당 작용하는 힘을 나타내는 것으로 정전계에서의 정전응력 즉, 단위 면적당 작용하는 힘은 다음 식과 같으며 차원을 바꾸어 보면 단위 체적당의 에너지(에너지 밀도)로 나타낼 수 있다.

$$f = \frac{\sigma^2}{2\epsilon_0} = \frac{1}{2}\epsilon_0 E^2 = \frac{D^2}{2\epsilon_0} = \frac{1}{2}ED\,[\text{N/m}^2][\text{J/m}^3]$$

전기력선 발산

1 가우스의 미분형

가우스의 미분형은 가우스의 법칙을 발산의 정리를 이용하여 정리한 것으로

발산의 정리를 적용하면 $\int_s E \cdot ds = \int_v div\,E\,dv = \frac{Q}{\epsilon_0}$ 이며

또한, 전하는 $Q = \int_v \rho\,dv$ 로 나타낼 수 있으므로

여기서, ρ : 체적 전하 밀도[C/m³]

따라서 $\int_v div\,E\,dv = \frac{1}{\epsilon_0}\int_v \rho\,dv$ 가 성립된다.

적분 기호를 제거하고 정리하면 $div\,E = \frac{\rho}{\epsilon_0}$ 가 되며 이 식을 가우스의 미분형이라 한다.

2 가우스의 정리

가우스의 미분형 $div\,E = \frac{\rho}{\epsilon_0}$ 에서 양변에 ϵ_0를 곱하면 $\epsilon_0 div\,E = \frac{\rho}{\epsilon_0} \times \epsilon_0$로 나타내며

따라서 일반적인 가우스의 법칙은 $div\,D = \rho$로 나타낼 수 있다.

3 프와송(Poisson)의 방정식

가우스의 미분형 $div\,E = \frac{\rho}{\epsilon_0}$ 에서 전계의 세기 $E = -\,grad\,V$를 적용하면

$div(-\,grad\,V) = \frac{\rho}{\epsilon_0}$ 가 되며

따라서, $\nabla^2 V = -\frac{\rho}{\epsilon_0}$ 을 프와송의 방정식이라 한다.

이 식은 공간 전하 밀도가 분포하는 경우 그 내부의 임의의 점에서 전위를 결정할 수 있는 식이다.

4 라플라스(Laplace) 방정식

라플라스 방정식은 공간 전하 밀도가 분포 영역 이외의 점에서 전위를 결정할 수 있는 식이다. 따라서, 프와송의 방정식과 동일하며 대신 공간 전하 밀도 $\rho = 0$이 된다.

가우스의 미분형에서 공간 전하 밀도 $\rho = 0$을 적용하면
$\mathrm{div} E = 0$이 되며
전계의 세기 $E = -\mathrm{grad}\, V$를 적용하면
$\mathrm{div}(-\mathrm{grad}\, V) = 0$이므로
따라서 $\nabla^2 V = 0$을 라플라스의 방정식이라 한다.

또한, 라플라스(Laplace) 근사법은 한 점의 전위는 인접 4개의 점의 전위를 이용하여 구하는 방법으로 다음과 같다.

$$V_o = \frac{1}{4}(V_1 + V_2 + V_3 + V_4)$$

전기력선 방정식

전기력선의 방정식은 "전기력선은 전계의 접선 방향과 같다."라는 전기력선의 성질을 이용하여 만든 방정식으로 다음과 같다.

$$\mathrm{div} E = \nabla \cdot E = (\frac{d}{dx}i + \frac{d}{dy}j + \frac{d}{dz}k) \cdot (E_x i + E_y j + E_z k)$$
$$= \frac{dE_x}{dx} + \frac{dE_y}{dy} + \frac{dE_z}{dz}$$

여기서, 평면$(X-Y)$에서의 전기력선 방정식은
$\frac{\Delta x}{E_x} = \frac{\Delta y}{E_y} \rightarrow \frac{dx}{E_x} = \frac{dy}{E_y}$ 가 되며

따라서 3차원 공간에서의 전기력선의 방정식은 다음과 같다.

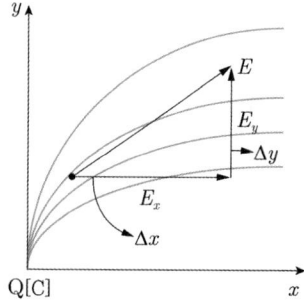

$$\frac{dx}{E_x} = \frac{dy}{E_y} = \frac{dz}{E_z}$$

전기력선 방정식 해법을 두 가지의 형태로 간단히 나타내면 다음과 같다.

1 전계 $E = xi + yj$의 형태인 경우

$\frac{dx}{x} = \frac{dy}{y}, \quad \int \frac{dx}{x} + \ln A = \int \frac{dy}{y}, \quad \ln x + \ln A = \ln y$
$\therefore y = Ax$

② 전계 $E = xi - yj$의 형태인 경우

$$\frac{dx}{x} = \frac{dy}{-y}, \quad \int \frac{dx}{x} = \int \frac{dy}{-y}, \quad \ln x + \ln y = K$$
$$\therefore xy = K$$

전기쌍극자

전기쌍극자는 오른쪽 그림에서와 같이 "미소전하 $\pm Q[C]$가 미소거리 $\delta[m]$만큼 떨어져 배치"된 것을 나타내며 이때, 쌍극자모멘트는 다음과 같다.

$$M = Q \cdot \delta [C \cdot m]$$

전기쌍극자에서 r만큼 떨어진 P점의 전위는 다음과 같다.

$$V_P = \frac{Q}{4\pi\epsilon_0}\left(\frac{1}{r_1} - \frac{1}{r_2}\right)[V]$$

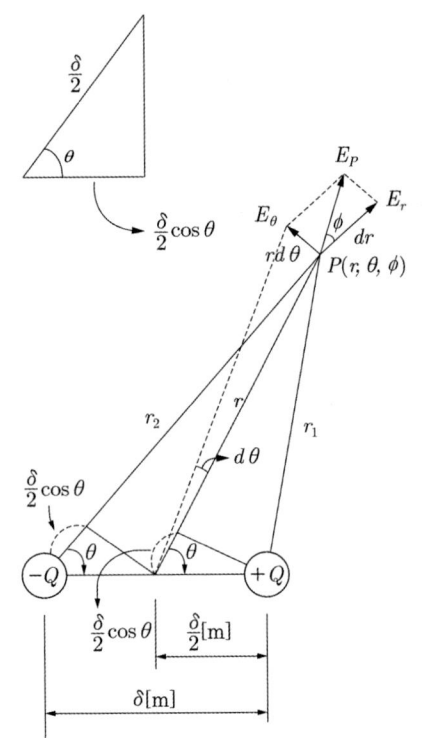

여기서, $r_1 = r - \frac{\delta}{2}\cos\theta$, $r_2 = r + \frac{\delta}{2}\cos\theta$

$$= \frac{Q}{4\pi\epsilon_0}\left(\frac{1}{r - \frac{\delta}{2}\cos\theta} - \frac{1}{r + \frac{\delta}{2}\cos\theta}\right)$$

$$= \frac{Q}{4\pi\epsilon_0} \frac{\delta\cos\theta}{r^2 - \frac{\delta^2}{4}\cos^2\theta}$$

여기서, $r \gg \delta$이므로 $r^2 - \frac{\delta^2}{4}\cos^2\theta ≒ r^2$

따라서 전위 $V_P = \frac{Q\delta\cos\theta}{4\pi\epsilon_0 r^2} = \frac{M}{4\pi\epsilon_0 r^2}\cos\theta[V]$가 된다.

전기쌍극자의 전위는 $\cos$ 값에 따라 달라지며 $\theta = 0°$일 때 최 댓값이 되며 $\theta = 90°$일 때 최솟값이 된다.

또한, 전기쌍극자에서의 전계의 세기는 전위 $V = \frac{M}{4\pi\epsilon_0 r^2}\cos\theta$가 (r, θ)의 함수이므로

구좌표를 이용하여 구좌표계의 경도 식을 적용하면

전계의 세기는 $E = -\nabla V = -\left(\frac{\partial V}{\partial r}a_r + \frac{1}{r}\frac{\partial V}{\partial \theta}a_\theta\right)$

$$= -\left(\frac{-2M\cos\theta}{4\pi\epsilon_0 r^3}a_r + \frac{1}{r}\frac{(-M\sin\theta)}{4\pi\epsilon_0 r^2}a_\theta\right)$$

$$= \frac{2M\cos\theta}{4\pi\epsilon_0 r^3}a_r + \frac{M\sin\theta}{4\pi\epsilon_0 r^3}a_\theta = a_r\frac{M}{2\pi\epsilon_0 r^3}\cos\theta + a_\theta\frac{M}{4\pi\epsilon_0 r^3}\sin\theta$$

따라서 전계의 세기는 $E = \sqrt{E_r^2 + E_\theta^2}$ 에서

$$\therefore E_P = \frac{2M\cos\theta}{4\pi\epsilon_0 r^3}a_r + \frac{M\sin\theta}{4\pi\epsilon_0 r^3}a_\theta$$

$$E_P = \frac{M}{4\pi\epsilon_0 r^3}\sqrt{1+3\cos^2\theta} \text{ 가 된다.}$$

전기쌍극자의 전계의 세기는 cos 값에 따라 달라지며 $\theta = 0°$일 때 최댓값이 되며 $\theta = 90°$일 때 최솟값이 된다.

전기이중층

전기이중층은 오른쪽 그림과 같이 전하 밀도 $\pm\sigma[\text{C/m}^2]$가 미소거리 $\delta[\text{m}]$만큼 떨어져 배치된 것으로 이때의 모멘트를 이중층의 세기라 하며 다음과 같다.

$$M = \sigma \cdot \delta [\text{C/m}]$$

전기이중층에서 r만큼 떨어진 P점의 전위는 다음과 같다.

$$V_P = \frac{M}{4\pi\epsilon_0}\omega_1$$

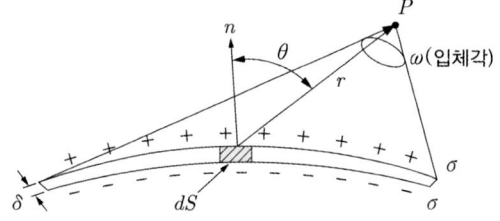

여기서, 입체각 $\omega = 2\pi(1-\cos\theta)[\text{Sr}]$로 나타낸다.
또한, P점의 반대편의 Q점의 전위는
$V_Q = \frac{M}{4\pi\epsilon_0}\omega_2$로 나타낼 수 있다.

따라서 두 점 PQ 간의 전위차를 구하면
$V_{PQ} = V_P - V_Q = \frac{M}{4\pi\epsilon}(\omega_1 - \omega_2)$이 되며
만약, 이중층이 얇은 판이라면 $\omega_1 = 2\pi$, $\omega_2 = -2\pi$가 되므로
두 점 PQ 간의 전위차는
$V_{PQ} = \frac{M}{4\pi\epsilon_0}(2\pi - (-2\pi)) = \frac{M}{\epsilon_0}[\text{V}]$가 된다.

이론 요약

1. 쿨롱의 법칙

$$F = \frac{Q_1 Q_2}{4\pi\epsilon_0 r^2} = 9 \times 10^9 \times \frac{Q_1 Q_2}{r^2} \text{[N]}$$

ϵ_0(진공의 유전율) $= 8.855 \times 10^{-12}$ [F/m]

2. 전계의 세기

① 구도체(점전하)

- 도체 표면 : $E = \dfrac{Q}{4\pi\epsilon_0 r^2}$ [V/m]

- 내부 : $E = 0$

※ 내부에 전하가 균일하게 분포(강제조항)

　- 내부($r < a$) : $E = \dfrac{rQ}{4\pi\epsilon_0 a^3}$ [V/m](거리에 비례)

　- 외부($r > a$) : $E = \dfrac{Q}{4\pi\epsilon_0 r^2}$ [V/m]

② 축 대칭(선전하 밀도 λ [c/m], 원통도체)

- 도체 표면 : $E = \dfrac{\lambda}{2\pi\epsilon_0 r}$ [V/m]

- 내부 : $E = 0$

※ 내부에 전하가 균일하게 분포(강제조항)

　- 내부($r < a$) : $E = \dfrac{r\lambda}{2\pi\epsilon_0 a^2}$ [V/m](거리에 비례)

　- 외부($r > a$) : $E = \dfrac{\lambda}{2\pi\epsilon_0 r}$ [V/m]

③ 표면 전하 밀도(σ [c/m^2], 거리에 무관)

- 도체 표면 : $E = \dfrac{\sigma}{\epsilon_0}$ [V/m]

- 무한 평면 : $E = \dfrac{\sigma}{2\epsilon_0}$ [V/m]

- 무한 평면 2장(평행판 콘덴서) : $E = \dfrac{\sigma}{\epsilon_0}$ [V/m], 전위 $V = Ed = \dfrac{\sigma}{\epsilon_0}d$

3. 전기력선의 성질

① 전기력선 수 : $N = \dfrac{Q}{\epsilon_0}$

② 전기력선의 성질
- 전기력선의 (접선)방향 = 전계의 방향
- 전계의 세기 = 전기력선의 밀도
- 등전위면에 수직(도체 표면에 수직)
- (+)에서 (−)로
- 전위가 높은 곳에서 낮은 곳으로
- 자신만으로 폐곡선을 만들 수 없다.
- 전하가 없는 곳에서는 발생이나 소멸이 없다(연속).
- 대전도체 표면 전하밀도 : 곡률이 크고(뾰족하고) 곡률반경이 적을수록 커진다.

4. 전위(전기적인 위치 에너지)

$V = \dfrac{Q}{4\pi\epsilon_0 r}$ [V]

5. 가우스의 법칙(전계의 세기)

$\int E \, ds = \dfrac{Q}{\epsilon_0}$, $E = -\,grad\,V = -\left(\dfrac{\partial V}{\partial x}i + \dfrac{\partial V}{\partial y}j + \dfrac{\partial V}{\partial z}k\right)$

미분형 : $div\,E = \dfrac{\rho}{\epsilon_0}$, $div\,D = \rho$

6. 프아송의 방정식

$\nabla^2 V = -\dfrac{\rho}{\epsilon_0}$ (ρ : 체적 전하 밀도[C/m^3])

7. 라플라스 방정식과 근사법

① 라플라스 방정식 : $\nabla^2 V = 0$

② 라플라스 근사법 : $V_o = \dfrac{1}{4}(V_1 + V_2 + V_3 + V_4)$

8. 전기쌍극자

① 쌍극자모멘트 $M = Q\delta$ [c·m]

② 전기쌍극자의 전위 : $V = \dfrac{M}{4\pi\epsilon_0 r^2}\cos\theta$ ($\theta = 0°$(최대), $90°$(최소))

③ 전기쌍극자의 전계의 세기 : $E = \dfrac{M}{4\pi\epsilon_0 r^3}\sqrt{1 + 3\cos^2\theta}$ ($\theta = 0°$(최대), $90°$(최소))

9. 체적당 에너지, 정전응력(면적 당 힘)

$$f = \frac{\sigma^2}{2\epsilon_0} = \frac{1}{2}\epsilon_0 E^2 = \frac{D^2}{2\epsilon_0}\,[\text{J/m}^3],\ [\text{N/m}^2]$$

10. 전기이중층

전위 $V_P = \dfrac{M}{4\pi\epsilon_0}\omega$

여기서, $\omega = 2\pi(1-\cos\theta)$,

M : 이중층의 세기 ($M = \sigma \cdot \delta\,[\text{C/m}]$)

CHAPTER 02 필수 기출문제

꼭! 나오는 문제만 간추린

01 진공 중에서 같은 전기량 +1[C]의 대전체 두 개가 약 몇 [m] 떨어져 있을 때 각 대전체에 작용하는 척력이 1[N]인가?

① 9.5×10^4
② 3×10^3
③ 1
④ 3×10^4

해설 쿨롱의 법칙

$F = 9 \times 10^9 \times \dfrac{Q_1 Q_2}{r^2}$ [N]에서,

$r^2 = \dfrac{9 \times 10^9 \times Q^2}{F} = \dfrac{9 \times 10^9 \times 1^2}{1} = 9 \times 10^9$ 에서 $r = \sqrt{9 \times 10^9}$

∴ $r = 9.5 \times 10^4$ [m]

【답】①

02 ★★★★★ 점 (0, 1)[m] 되는 곳에 -2×10^{-9}[C]의 점전하가 있을 때 점 (2, 0)[m]에 있는 1[C]에 작용하는 힘은 몇 [N]인가?

① $-\dfrac{36}{5\sqrt{5}} a_x + \dfrac{18}{5\sqrt{5}} a_y$
② $-\dfrac{18}{5\sqrt{5}} a_x + \dfrac{36}{5\sqrt{5}} a_y$
③ $-\dfrac{36}{3\sqrt{5}} a_x + \dfrac{18}{5\sqrt{5}} a_y$
④ $\dfrac{36}{5\sqrt{5}} a_x + \dfrac{18}{5\sqrt{5}} a_y$

해설 힘을 벡터로 구하므로 $F = |F| a_0$에서

거리 $\mathbf{r} = (2-0)a_x + (0-1)da_y = 2a_x - a_y$

크기 $|r| = \sqrt{2^2 + (-1)^2} = \sqrt{5}$ [m]

방향 $a_0 = \dfrac{\mathbf{r}}{|r|} = \dfrac{1}{\sqrt{5}} (2a_x - a_y)$

따라서 힘을 벡터로 표시하면

$F = 9 \times 10^9 \times \dfrac{-2 \times 10^{-9} \times 1}{(\sqrt{5})^2} \times \dfrac{1}{\sqrt{5}} (2a_x - a_y) = -\dfrac{36}{5\sqrt{5}} a_x + \dfrac{18}{5\sqrt{5}} a_y$ [N]

【답】①

03 MKS 합리화 단위계에서 진공의 유전율의 값은?

① $\dfrac{1}{9 \times 10^9}$ [F/m]
② 1[F/m]
③ $\dfrac{1}{4\pi \times 9 \times 10^9}$ [F/m]
④ 9×10^9 [F/m]

해설 $\dfrac{1}{4\pi\epsilon_0} = 9 \times 10^9$ 에서 ϵ_0 : 진공의 유전율[F/m]

• $\epsilon_0 = \dfrac{1}{4\pi \times 9 \times 10^9} = \dfrac{1}{36\pi \times 10^9}$

- $\epsilon_0 = \dfrac{1}{36\pi \times 10^9} = \dfrac{1}{120\pi C}$ 여기서, $C = 3 \times 10^8$ [m/sec]
- $\epsilon_0 = \dfrac{1}{36\pi \times 10^9} = \dfrac{1}{120\pi C} = \dfrac{10^7}{4\pi C^2}$

【답】③

04 | 쿨롱의 법칙을 이용한 것이 아닌 것은?
① 정전 고압 전압계　　　　　　　② 고압 집진기
③ 콘덴서 스피커　　　　　　　　④ 콘덴서 마이크로폰

해설 쿨롱의 법칙
- 대전체 간의 정전기력
- 정전 고압 전압계, 고압 집진기, 콘덴서 스피커

【답】④

05 | ★★★★★ 전계의 단위가 아닌 것은?
① [N/C]　　　　　　　　　　　② [V/m]
③ $\left[C/J \cdot \dfrac{1}{m} \right]$　　　　　　　　　④ [A·Ω/m]

해설 전계의 세기

단위 전하에 미치는 쿨롱의 힘 $E = \dfrac{F}{Q}$ [N/C]

따라서 전계의 단위는 $\left[\dfrac{N}{C} \right] = \left[\dfrac{N \cdot m}{C \cdot m} \right] = \left[\dfrac{J}{C \cdot m} \right] = \left[\dfrac{V}{m} \right] = \left[\dfrac{A \cdot \Omega}{m} \right]$

【답】③

06 | 전계 E [V/m] 내의 한 점에 Q [C]의 점전하를 놓을 때 이 전하에 작용하는 힘은 몇 [N]인가?
① $\dfrac{E}{q}$　　　　　　　　　　② $\dfrac{q}{4\pi\epsilon_0 E}$
③ qE　　　　　　　　　　　　④ qE^2

해설
- 전계의 세기 : $E = \dfrac{Q \times 1}{4\pi\epsilon_0 r^2} = \dfrac{Q}{4\pi\epsilon_0 r^2} = 9 \times 10^9 \times \dfrac{Q}{r^2}$ [V/m]
- 쿨롱의 힘 : $F = 9 \times 10^9 \times \dfrac{Q_1 Q_2}{r^2} = 9 \times 10^9 \times \dfrac{Q^2}{r^2}$ [N]

따라서 $F = QE$

【답】③

07 | ★★★★★ 전계의 세기 1,500[V/m]의 전장에 5[μC]의 전하를 놓으면 얼마의 힘이 작용하는가?
① 4.5×10^{-3} [N]　　　　　　② 5.5×10^{-3} [N]
③ 6.5×10^{-3} [N]　　　　　　④ 7.5×10^{-3} [N]

해설

전계의 세기 : $E = \dfrac{Q \times 1}{4\pi\epsilon_0 r^2} = \dfrac{Q}{4\pi\epsilon_0 r^2} = 9 \times 10^9 \times \dfrac{Q}{r^2}$ [V/m]

쿨롱의 힘 : $F = 9 \times 10^9 \times \dfrac{Q_1 Q_2}{r^2} = 9 \times 10^9 \times \dfrac{Q^2}{r^2}$ [N]

따라서 $F = QE = 5 \times 10^{-6} \times 1,500 = 7.5 \times 10^{-3}$ [N]

【답】④

08 진공 내의 점 (3, 0, 0)[m]에 4×10^{-9}[C]의 전하가 있다. 이때에 점 (6, 4, 0)[m]인 점의 전계의 세기 [V/m] 및 전계의 방향을 표시하는 단위 벡터는?

① $\dfrac{36}{25}$, $\dfrac{1}{5}(3i+4j)$ ② $\dfrac{36}{125}$, $\dfrac{1}{5}(3i+4j)$

③ $\dfrac{36}{25}$, $(i+j)$ ④ $\dfrac{36}{125}$, $\dfrac{1}{5}(i+j)$

해설 거리의 벡터를 구하면 (6, 4, 0)-(3, 0, 0) = $(6-3)i+(4-0)j = 3i+4j$
$r = 3i+4j$
크기 : $|r| = \sqrt{3^2+4^2} = 5$ [m]
방향벡터 $a_0 = \dfrac{r}{|r|} = \dfrac{3i+4j}{5} = \dfrac{1}{5}(3i+4j)$
전계의 세기는 $E = \dfrac{Q}{4\pi\epsilon_0 r^2} = 9 \times 10^9 \times \dfrac{4 \times 10^{-9}}{5^2} = \dfrac{36}{25}$ [V/m]

【답】①

09 한 변의 길이가 a[m]인 정육각형 ABCDEF의 각 정점에 각각 Q[C]의 전하를 놓을 때 정육각형의 중심 O에 있어서의 전계[V/m]는?

① 0 ② $\dfrac{3Q}{2\pi\epsilon_0 a}$ ③ $\dfrac{3Q}{2\pi\epsilon_0 a^2}$ ④ $\dfrac{Q}{4\pi\epsilon_0 a^2}$

해설 그림과 같이 2개의 점전하가 3쌍으로 맞서 있고, 중심에서부터의 거리도 같으므로 각 쌍의 중심 전계의 세기는 크기가 같고 방향이 정반대이므로 합성 전계의 세기는 0이 된다.

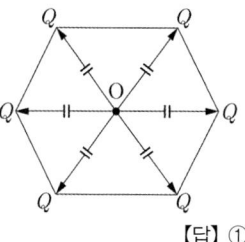

【답】①

10 그림과 같이 $q_1 = 6 \times 10^{-8}$[C], $q_2 = -12 \times 10^{-8}$[C]의 두 전하가 서로 100[cm] 떨어져 있을 때 전계 세기가 0이 되는 점은?

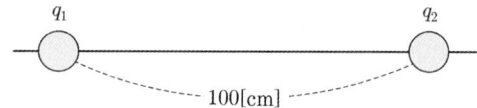

① q_1과 q_2의 연장선상 q_1으로부터 왼쪽으로 2.41[m] 지점이다.
② q_1과 q_2의 연장선상 q_1으로부터 오른쪽으로 1.41[m] 지점이다.
③ q_1과 q_2의 연장선상 q_2으로부터 오른쪽으로 2.41[m] 지점이다.
④ q_1과 q_2의 연장선상 q_1으로부터 왼쪽으로 1.41[m] 지점이다.

해설 전계의 세기가 0이 되는 지점
• 부호가 같은 전하가 존재할 때는 두 전하의 가운데에 있고
• 부호가 다른 전하가 존재할 때는 절댓값이 작은 쪽 외측에 있다.

$\dfrac{6 \times 10^{-8}}{4\pi\epsilon_0 (x)^2} = \dfrac{12 \times 10^{-8}}{4\pi\epsilon_0 (1+x)^2}$

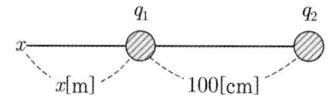

$$\sqrt{(1+x)^2} = \sqrt{2x^2} \text{ 에서 } \sqrt{2}x = 1+x$$
$$(\sqrt{2}-1)x = 1 \text{ 에서 } x = \frac{1}{\sqrt{2}-1}$$
$$\therefore x = \sqrt{2}+1 = 2.41\,[\text{m}]$$

【답】①

11 ★★★★★ 전기력선의 기본 성질에 관한 설명으로 옳지 않은 것은?

① 전기력선의 방향은 그 점의 전계의 방향과 일치한다.
② 전기력선은 전위가 높은 점에서 낮은 점으로 향한다.
③ 전기력선은 그 자신만으로 폐곡선이 된다.
④ 전계가 0이 아닌 곳에서 전기력선은 도체 표면에 수직으로 만난다.

해설 전기력선의 성질
① 전기력선의 접선 방향 = 전계의 방향
② 전계의 세기 = 전기력선의 밀도(가우스의 법칙)
③ **불연속(서로 교차하지 않는다. → 자신만으로 폐곡선을 이루지 않는다.)**
④ (+)에서 (−)
⑤ 전위가 높은 곳에서 낮은 곳으로
⑥ 등전위면(도체 표면)과 수직 교차
⑦ 전하가 없는 곳에서 발생이나 소멸이 없다.

【답】③

12 전력선에 관한 다음 설명 중에서 틀린 것은?

① 전력선은 전하가 없는 데에서는 연속이다.
② 전력선은 (+)전하에서 시작하여 (−)전하에서 그친다.
③ 전력선은 그 자신만으로 폐곡선이 된다.
④ 전계가 0이 아닌 곳에서는 2개의 전력선이 만나지 않는다.

해설 전기력선의 성질
- 전기력선의 밀도는 전계의 세기이다(전기력선의 총수 $N = \int_S E\,ds = \frac{Q}{\epsilon}$).
- 전기력선의 접선 방향은 전계의 방향이다.
- 전기력선은 등전위면과 수직이다.
- 전기력선은 정전하에서 시작하여 부전하로 도착한다.
- 전기력선(전계)은 전위가 높은 점에서 낮은 점으로 향한다.
- **전기력선은 그 자신만으로 폐곡선이 되지 않는다.**
- 전기력선은 교차하지 않는다.
- 도체 내부에는 전기력선이 없다(전계도 없다).
- 전하가 없는 곳에서는 전기력선의 발생, 소멸이 없고 연속적이다.

【답】③

13 진공 중에 놓인 $Q[\text{C}]$의 전하에서 발산되는 전기력선 수는?

① $\dfrac{Q}{\epsilon_0}$ ② $\dfrac{Q}{2\pi\epsilon_0}$

③ $\dfrac{Q}{4\pi\epsilon_0}$ ④ 0

해설 전기력선 수(가우스의 법칙)
$$N = \int E\,ds = \frac{Q}{\epsilon_0}$$

【답】①

14 진공 중에 놓인 1[μC]의 점전하에서 3[m] 되는 점의 전계[V/m]는?

① 10^{-3}
② 10^{-1}
③ 10^2
④ 10^3

해설 전계의 세기

$$E = \frac{Q}{4\pi\epsilon_0 r^2} = 9\times 10^9 \times \frac{1\times 10^{-6}}{3^2}$$
$$= 10^3 [\text{V/m}]$$

【답】④

15 절연내력 300[kV/m]인 공기 중에 놓여진 직경 1[m]의 구도체에 줄 수 있는 최대 전하는 얼마인가?

① 6.75×10^4 [C]
② 6.75×10^{16} [C]
③ 8.33×10^{-5} [C]
④ 8.33×10^{-6} [C]

해설 전계의 세기는 절연내력과 같으므로

$$E = \frac{Q}{4\pi\epsilon_0 r^2} = 300\times 10^3 [\text{V/m}]$$

따라서 최대 전하 $Q = 4\pi\epsilon_0 r^2 \times E = \frac{1}{9\times 10^9} \times 0.5^2 \times 300\times 10^3 \fallingdotseq 8.33\times 10^{-6}$ [C]

【답】④

16 폐곡면을 통하는 전속과 폐곡면 내부의 전하와의 상관관계를 나타내는 법칙은?

① 가우스(Gauss) 법칙
② 쿨롱(Coulomb) 법칙
③ 프와송(Poisson) 법칙
④ 라플라스(Laplace) 법칙

해설 가우스의 법칙 : 어떤 폐곡면을 통과하는 전속은 그 면 내에 존재하는 전 전하량과 같다.

$$N = \int E\, ds = \frac{Q}{\epsilon_0}$$
$$\psi = \oint_S D\cdot dS = Q$$

【답】①

17 무한장 직선 도체에 선밀도 10[C/m]의 전하가 분포되어 있을 때 직선 도체를 축으로 하는 반지름 5[m]의 원통면상의 전계는 몇 [V/m]인가?

① 7.2×10^7
② 7.2×10^{10}
③ 3.6×10^9
④ 3.6×10^{10}

해설 무한장 직선 전하(선전하)에 의한 전계

$$E = \frac{\lambda}{2\pi\epsilon_0 r} = 18\times 10^9 \times \frac{\lambda}{r} = 18\times 10^9 \times \frac{10}{5} = 3.6\times 10^{10} [\text{V/m}]$$

【답】④

18 진공 중에서 전하 밀도가 25×10^{-9}[C/m]인 무한히 긴 선전하가 z축상에 있을 때 (3, 4, 0)[m]인 전계의 세기[V/m]는?

① $24i + 36j$
② $32i + j26$
③ $42i + 86j$
④ $54i + 72j$

해설

거리의 벡터를 구하면 $r = 3i + 4j$

크기 : $|r| = \sqrt{3^2 + 4^2} = 5[m]$

방향벡터 $a_0 = \dfrac{r}{|r|} = \dfrac{3i+4j}{5} = \dfrac{1}{5}(3i+4j)$

무한장 직선 전하(선전하)에 의한 전계

$E = \dfrac{\lambda}{2\pi\epsilon_0 r} a_0 = 18 \times 10^9 \times \dfrac{\lambda}{r} a_0$

$= 18 \times 10^9 \times \dfrac{25 \times 10^{-9}}{5} \times \dfrac{1}{5}(3i+4j) = 54i + 72j [V/m]$

【답】 ④

19 ★★★★★ 진공 중에 선전하 밀도 $+\lambda[C/m]$의 무한장 직선전하 A와 $-\lambda[C/m]$의 무한장 직선 전하 B가 $d[m]$의 거리에 평행으로 놓여 있을 때, A에서 거리 $\dfrac{d}{3}[m]$ 되는 점의 전계의 크기는 몇 $[V/m]$인가?

① $\dfrac{3\lambda}{4\pi\epsilon_0 d}$ ② $\dfrac{9\lambda}{4\pi\epsilon_0 d}$

③ $\dfrac{3\lambda}{8\pi\epsilon_0 d}$ ④ $\dfrac{9\lambda}{8\pi\epsilon_0 d}$

해설

그림에서 $\dfrac{d}{3}$ 인 점의 전계는 두 개의 전계의 합이므로

$E = E_1 + E_2 = \dfrac{\lambda_1}{2\pi\epsilon_0 r_1} + \dfrac{\lambda_2}{2\pi\epsilon_0 r_2} = \dfrac{\lambda}{2\pi\epsilon_0}\left(\dfrac{1}{\frac{1}{3}d} + \dfrac{1}{\frac{2}{3}d}\right)$

$= \dfrac{9\lambda}{4\pi\epsilon_0 d} [V/m]$

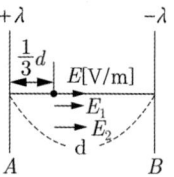

【답】 ②

20 ★★★★★ 공기 중에 균일하게 대전된 반지름 $a[m]$인 선형원환이 있을 때 그의 중심으로부터 중심축상 $x[m]$ 거리에 있는 점의 전계의 세기는 몇 $[V/m]$인가? 단, 원환의 전체 전하는 $Q[C]$이라 한다.

① $\dfrac{Q \cdot x}{2\pi\epsilon_0 (a^2+x^2)^{3/2}}$ ② $\dfrac{Q \cdot x}{4\pi\epsilon_0 (a^2+x^2)^{3/2}}$

③ $\dfrac{Q \cdot x}{2\pi\epsilon_0 (a^2+x^2)}$ ④ $\dfrac{Q \cdot x}{4\pi\epsilon_0 (a^2+x^2)^{1/2}}$

해설

전위 $V = \dfrac{Q}{4\pi\epsilon_o r}$ 여기서, $r = \sqrt{a^2+x^2}$ 이고

따라서 전위는 $V = \dfrac{Q}{4\pi\epsilon_o r} = \dfrac{Q}{4\pi\epsilon_o \sqrt{a^2+x^2}} [V]$

전계는 x 방향만 남으므로

전계 $E = -\,grad\,V = -\dfrac{\partial V}{\partial x} = -\dfrac{\partial}{\partial x}\left[\dfrac{Q}{4\pi\epsilon_0 \sqrt{a^2+x^2}}\right] = \dfrac{Q}{4\pi\epsilon_0} \dfrac{x}{(a^2+x^2)^{\frac{3}{2}}} [V/m]$

【답】 ②

21 전하 밀도 $\sigma[C/m^2]$의 아주 얇은 무한 평판 도체의 전계의 세기는 몇 [V/m]인가?

① $\dfrac{\sigma}{\epsilon_0}$ ② $\dfrac{\sigma}{2\epsilon_0}$

③ $\dfrac{\sigma}{2\pi\epsilon_0}$ ④ $\dfrac{\sigma}{4\pi\epsilon_0}$

해설 전계의 세기(표면 전하 밀도 : $\sigma[C/m^2]$)
- 표면에 전하 분포 : $E = \dfrac{\sigma}{\epsilon_0}$, 내부 $E = 0$
- 무한평면 : $E = \dfrac{\sigma}{2\epsilon_0}$, 내부 $E = 0$ 거리에는 무관하다.

【답】②

22 자유 공간 중에서 점 P(5, −2, 4)가 도체면상에 있으며 이 점에서 전계 $E = 6a_x - 2a_y + 3a_z$ [V/m]이다. 점 P에서의 면전하 밀도 $\rho_s[C/m^2]$는?

① $-2\epsilon_0[C/m^2]$ ② $3\epsilon_0[C/m^2]$
③ $6\epsilon_0[C/m^2]$ ④ $7\epsilon_0[C/m^2]$

해설 도체 표면에서의 전계의 세기 $E = \dfrac{\sigma}{\epsilon_0}$ 에서
표면 전하 밀도는
$\sigma = \epsilon_0 E = \epsilon_0 |6a_x - 2a_y + 3a_z| = \epsilon_0(\sqrt{6^2 + (-2)^2 + 3^2}) = 7\epsilon_0[C/m^2]$

【답】④

23 ★★★★★
무한 평행한 평판 전극 사이의 전위차 $V[V]$는? 단, 평행판 전하 밀도 $\sigma[C/m^2]$, 판간 거리 $d[m]$라 한다.

① $\dfrac{\sigma}{\epsilon_0}$ ② $\dfrac{\sigma}{\epsilon_0}d$ ③ σd ④ $\dfrac{\epsilon_0 \sigma}{d}$

해설 두 도체 사이의 전계의 세기
- 무한평면 2장
- 무한평면에 $\pm\sigma[C/m^2]$이 존재

전계의 세기를 구하기 위해 가우스의 법칙을 이용하면
$E = E_1 + E_2 = \dfrac{\sigma}{2\epsilon_0} + \dfrac{\sigma}{2\epsilon_0} = \dfrac{\sigma}{\epsilon_0}$

전위 $V = Ed = \dfrac{\sigma}{\epsilon_0}d[V]$

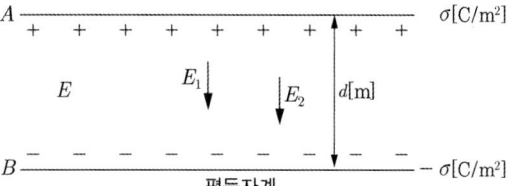

【답】②

24 어느 점전하에 의하여 생기는 전위를 처음 전위의 1/2이 되게 하려면 전하로부터의 거리를 몇 배로 하면 되는가?

① $1/\sqrt{2}$ ② $1/2$ ③ $\sqrt{2}$ ④ 2

해설 전위
$V = -\int_\infty^P E\,dl = \dfrac{Q}{4\pi\epsilon_0 r} \propto \dfrac{1}{r}$ 이므로 전위가 $\dfrac{1}{2}$이 되려면 거리는 2배가 되어야 한다.

【답】④

25 한 변의 길이가 a[m]인 정사각형 A, B, C, D의 각 정점에 각각 Q[C]의 전하를 놓을 때 정사각형 중심 O의 전위는 몇 [V]인가?

① $\dfrac{3Q}{4\pi\epsilon_0 a}$ ② $\dfrac{3Q}{\pi\epsilon_0 a}$

③ $\dfrac{\sqrt{2}Q}{\pi\epsilon_0 a}$ ④ $\dfrac{2Q}{\pi\epsilon_0 a}$

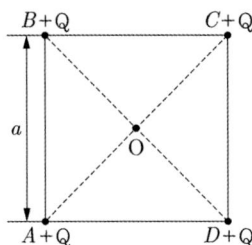

해설 전하에서 중심까지의 거리 $r = \dfrac{1}{\sqrt{2}}a$[m]

한 점의 전위 $V_1 = \dfrac{Q}{4\pi\epsilon_o r} = \dfrac{Q}{4\pi\epsilon_0 \left(\dfrac{a}{\sqrt{2}}\right)} = \dfrac{Q}{2\sqrt{2}\pi\epsilon_0 a}$ [V]이며

전위는 스칼라함수이므로 여러 개의 전하에 의한 전위는 각각의 전위의 합으로 구하며
따라서 중점의 전위는 4개의 전위의 합이다.

따라서 $V_0 = 4V_1 = 4 \times \dfrac{Q}{2\sqrt{2}\pi\epsilon_o a} = \dfrac{\sqrt{2}Q}{\pi\epsilon_0 a}$ [V]

【답】 ③

26 원점에 전하 $0.01[\mu C]$이 있을 때 두 점 A(0, 2, 0)[m]와 B(0, 0, 3)[m]간의 전위차 V_{AB}는 몇 [V]인가?

① 10 ② 15 ③ 18 ④ 20

해설 두 점 A, B 간의 전위차

$V_{AB} = V_A - V_B = \dfrac{Q}{4\pi\epsilon_0}\left(\dfrac{1}{r_1} - \dfrac{1}{r_2}\right) = 9 \times 10^9 \times 0.01 \times 10^{-6}\left(\dfrac{1}{2} - \dfrac{1}{3}\right) = 1.5 \times 10 = 15$ [V]

【답】 ②

27 ★★★★★ 전위 경도 V와 전계 E의 관계식은?

① $E = \text{grad } V$ ② $E = \text{div } V$

③ $E = -\text{grad } V$ ④ $E = -\text{div } V$

해설 전위 경도 V와 전계 E의 관계식

$E = -\text{grad } V = -\left(\dfrac{\partial V}{\partial x}i + \dfrac{\partial V}{\partial y}j + \dfrac{\partial V}{\partial z}k\right)$

【답】 ③

28 ★★★★★ 전위의 분포가 $V = 12x + 7y^2$로 주어질 때 점 $(x = 5, y = 3)$에서 전계의 세기는?

① $-i12 + j42$ ② $-i12 - j42$

③ $i12 - j42$ ④ $i12 + j42$

해설 전위 경도와 전계 E의 관계식

$E = -\text{grad } V = -\left(\dfrac{\partial V}{\partial x}i + \dfrac{\partial V}{\partial y}j + \dfrac{\partial V}{\partial z}k\right)$

$= -\left(\dfrac{\partial}{\partial x}i + \dfrac{\partial}{\partial y}j + \dfrac{\partial}{\partial z}k\right)(12x + 7y^2) = -12i - j14y$ 여기서, $x=5, y=3$이므로

$= -12i - j14 \times 3 = -12i - j42$

【답】 ②

29 50[V/m]인 평등전계 중의 80[V] 되는 A점에서 전계 방향으로 80[cm] 떨어진 B점의 전위는 몇 [V]인가?

① 20 ② 40
③ 60 ④ 80

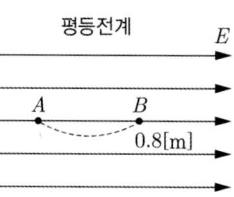

해설 전계의 세기 50[V/m]의 의미 : 1[m]당 50[V]의 전압이 감소되는 방향으로 진행
따라서 80[cm] 이동한 경우에는 $50 \times 0.8 = 40$[V]의 전압이 감소되므로
전위 $V = 80 - 50 \times 0.8 = 40$[V]가 된다.

【답】②

30 $\text{div} D = \rho$와 가장 관계 깊은 것은?

① Ampere의 주회 적분 법칙 ② Faraday의 전자 유도 법칙
③ Laplace의 방정식 ④ Gauss의 정리

해설 $\text{div} D = \rho$: Gauss의 정리
전하에서는 전속선이 발생된다.

【답】④

31 공간적 전하 분포를 갖는 유전체 중의 전계 E에 있어서, 전하 밀도 ρ와 전하 분포 중의 한 점에 대한 전위 V와의 관계 중 전위를 생각하는 고찰점에 ρ의 전하 분포가 없다면 $\nabla^2 V = 0$이 된다는 것은?

① Laplace의 방정식 ② Poisson의 방정식
③ Stokes의 정리 ④ Thomson의 정리

해설 $\nabla^2 V = -\dfrac{\rho}{\epsilon_0}$(프와송의 방정식)
여기서, ρ : 체적전하밀도[C/m³]
$\nabla^2 V = 0$(라플라스 방정식)

【답】①

32 진공(유전율 ϵ_0)의 전하 분포 공간 내에서 전위가 $V = x^2 + y^2$[V]로 표시될 때, 전하 밀도는 몇 [C/m³]인가?

① $-4\epsilon_0$ ② $-\dfrac{4}{\epsilon_0}$
③ $-2\epsilon_0$ ④ $-\dfrac{2}{\epsilon_0}$

해설 $\nabla^2 V = -\dfrac{\rho}{\epsilon_0}$(프와송의 방정식) 여기서, ρ : 체적 전하 밀도[C/m³]
$\nabla^2 V = \dfrac{\partial^2 (x^2 + y^2)}{\partial x^2} + \dfrac{\partial^2 (x^2 + y^2)}{\partial y^2} + \dfrac{\partial^2 (x^2 + y^2)}{\partial z^2} = 2 + 2 + 0 = -\dfrac{\rho}{\epsilon_0}$
따라서 체적 전하 밀도 $\rho = -4\epsilon_0$[C/m³]

【답】①

33 전기쌍극자로부터 r 만큼 떨어진 점의 전위 크기 V는 r과 어떤 관계에 있는가?

① $V \propto r$
② $V \propto \dfrac{1}{r^3}$
③ $V \propto \dfrac{1}{r^2}$
④ $V \propto \dfrac{1}{r}$

해설
- 전기쌍극자의 전위 $V = \dfrac{M}{4\pi\epsilon_0 r^2}\cos\theta$ ∴ $V \propto \dfrac{1}{r^2}$
- 전기쌍극자의 전계의 세기 $E = \dfrac{M}{4\pi\epsilon_0 r^3}\sqrt{1+3\cos^2\theta}$ ∴ $E \propto \dfrac{1}{r^3}$

【답】③

34 ★★★★★ 전기쌍극자에 의한 전계의 세기는 쌍극자로부터의 거리 r에 대해서 어떠한가?

① r에 반비례한다.
② r^2에 반비례한다.
③ r^3에 반비례한다.
④ r^4에 반비례한다.

해설
- 전기쌍극자의 전위 $V = \dfrac{M}{4\pi\epsilon_0 r^2}\cos\theta$ ∴ $V \propto \dfrac{1}{r^2}$
- 전기쌍극자의 전계의 세기 $E = \dfrac{M}{4\pi\epsilon_0 r^3}\sqrt{1+3\cos^2\theta}$ ∴ $E \propto \dfrac{1}{r^3}$

【답】③

35 면전하 밀도가 σ[C/m²]인 대전 도체가 진공 중에 놓여 있을 때 도체 표면에 작용하는 정전응력[N/m²]은?

① σ^2에 비례한다.
② σ에 비례한다.
③ σ^2에 반비례한다.
④ σ에 반비례한다.

해설 정전응력(면적당 힘)
$f = \dfrac{\sigma^2}{2\epsilon_0} = \dfrac{1}{2}\epsilon_0 E^2 = \dfrac{D^2}{2\epsilon_0}$ [J/m³], [N/m²]
따라서 정전응력은 $f \propto \sigma^2$

【답】①

36 ★★★★★ 자유 공간 중에서 $V = xyz$[V]일 때 $0 \leq x \leq 1$, $0 \leq y \leq 1$, $0 \leq z \leq 1$인 입방체에 존재하는 정전 에너지[J]는?

① $\dfrac{1}{6}\epsilon_0$
② $\dfrac{1}{5}\epsilon_0$
③ $\dfrac{1}{4}\epsilon_0$
④ $\dfrac{1}{3}\epsilon_0$

해설 에너지 $W = \int w\,dv$ [J]

$W = \int_v \dfrac{1}{2}\epsilon_o E^2 dv = \dfrac{1}{2}\epsilon_o \int_v |-\text{grad}\,V|^2 dv$

$= \dfrac{1}{2}\epsilon_o \int_0^1\int_0^1\int_0^1 |-(yzi + xzj + xyk)|^2 dx\,dy\,dz$

$= \dfrac{1}{2}\epsilon_o \int_0^1\int_0^1\int_0^1 (y^2z^2 + x^2z^2 + x^2y^2)\,dx\,dy\,dz$

$$= \frac{1}{2}\epsilon_o \int_0^1 \int_0^1 \left[xy^2z^2 + \frac{1}{3}x^3z^2 + \frac{1}{3}x^3y^2\right]_0^1 dy\,dz = \frac{1}{2}\epsilon_o \int_0^1 \int_0^1 (y^2z^2 + \frac{1}{3}z^2 + \frac{1}{3}y^2)\,dy\,dz$$

$$= \frac{1}{2}\epsilon_o \int_0^1 \left[\frac{1}{3}y^3z^2 + \frac{1}{3}yz^2 + \frac{1}{9}y^3\right]_0^1 dz = \frac{1}{2}\epsilon_o \int_0^1 \left[\frac{1}{3}z^2 + \frac{1}{3}z^2 + \frac{1}{9}\right] dz$$

$$= \frac{1}{2}\epsilon_o \times \left[\frac{2}{9}z^3 + \frac{1}{9}z\right]_0^1 = \frac{1}{2}\epsilon_o \times \frac{3}{9} = \frac{1}{6}\epsilon_0 [J]$$

【답】①

CHAPTER 03 도체계와 정전용량

도체계(System of Conductors)·전위계수·유도계수와 용량계수·콘덴서의 정전용량·정전용량의 계산·
도체계의 에너지

도체계(System of Conductors)

여러 개의 도체가 가까이 있어 하나의 도체계를 형성할 때 각 도체에 주어진 전하에 의한 서로 간의 영향을
주므로 각 도체의 전하와 전위는 도체계의 전체를 고려해야 한다.
도체계의 특징은 다음과 같다.

- 중첩의 원리(Principle of Superposition)가 성립한다.
- 그림과 같이 여러 개의 전하가 존재하는 경우의 전위는 다음과 같다.

$$V = \frac{Q_1}{4\pi\epsilon_0 r_1} + \frac{Q_2}{4\pi\epsilon_0 r_2} + \frac{Q_3}{4\pi\epsilon_0 r_3} + \cdots$$
$$= \frac{1}{4\pi\epsilon_0} \sum \frac{Q_n}{r_n} \,[\text{V}]$$

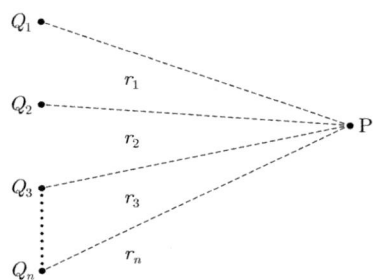

전위계수

전위계수는 전위의 크기를 결정하는 정수로서 전위 $V = \dfrac{Q}{4\pi\epsilon_0 r}\,[\text{V}]$일 때의

전위계수는 $P = \dfrac{1}{4\pi\epsilon_0 r}$로 나타내므로 전위와 전위계수 사이에는 $V = PQ\,[\text{V}]$가 성립한다.

또한, 전위계수 식에서 나타나듯 전위계수는 매질, 도체 모양(크기), 간격, 배치
상태 등에 의해 결정되는 값이다.

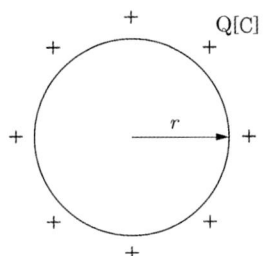

전위계수의 특징은 다음과 같다.

① **전위계수의 단위**

$P = \dfrac{V}{Q}\,[\text{V/C}]$, $[1/\text{F}]$, $[\text{daraf}]$이며 엘라스턴스라고 부른다.

2 **전위계수 구하는 방법**

그림과 같이 도체가 배치된 경우의 전위계수를 구하는 방법은 다음과 같다.

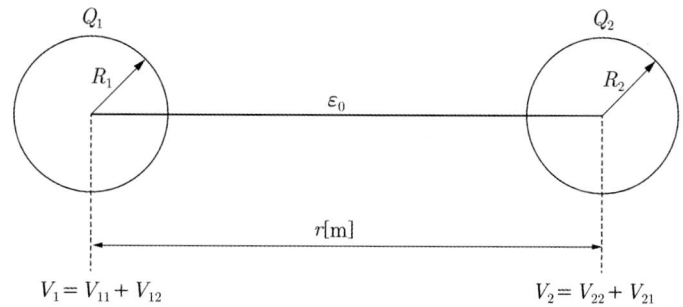

여기서, $V_{11}(V_{22})$: 1(2)전하에 의해서 1(2)도체에 생긴 전위

V_{12} : 2전하에 의해서 1도체에 유도된 전위

V_{21} : 1전하에 의해서 2도체에 유도된 전위

$$V_1 = V_{11} + V_{12} = \frac{Q_1}{4\pi\epsilon_0 R_1} + \frac{Q_2}{4\pi\epsilon_0 r} = P_{11}Q_1 + P_{12}Q_2$$

$$V_2 = V_{21} + V_{22} = \frac{Q_1}{4\pi\epsilon_0 r} + \frac{Q_2}{4\pi\epsilon_0 R_2} = P_{21}Q_1 + P_{22}Q_2$$

따라서 전위계수를 이용하여 전위를 구하면

$\begin{bmatrix} V_1 \\ V_2 \end{bmatrix} = \begin{bmatrix} P_{11} & P_{12} \\ P_{21} & P_{22} \end{bmatrix} \begin{bmatrix} Q_1 \\ Q_2 \end{bmatrix}$ 가 된다.

3 **전위계수의 특성**

① P_{11}, P_{22} : P_{rr}, $P_{ss} > 0$

$P_{rr} \geq P_{rs}$

② P_{12}, P_{21} : $P_{rs} = P_{sr} \geq 0$

4 **전위계수를 이용한 정전용량**

전위계수를 이용한 정전용량은 위의 그림에서 $Q_1 = +Q$로 적용하며 $Q_2 = -Q$를 적용하여 구하면 다음과 같다.

전위차는 $V = V_1 - V_2 = (P_{11} - 2P_{12} + P_{22})Q$이며

따라서 정전용량은 $C = \dfrac{Q}{V} = \dfrac{Q}{V_1 - V_2} = \dfrac{Q}{(P_{11} - 2P_{12} + P_{22})Q}$

$= \dfrac{1}{P_{11} - 2P_{12} + P_{22}}$ [F]가 된다.

유도계수와 용량계수

유도계수와 용량계수는 전위계수를 역으로 계산한 것으로, 자기 자신의 전위를 +1[V]로 하기 위한 전하를 용량계수, 도체에 의해 다른 도체에 유기되는 전하를 유도계수라 한다. 또한, 유도계수와 용량계수 역시 전위계수와 마찬가지로 매질, 도체 모양(크기), 간격, 배치 상태 등에 의해 결정되는 값이다.
유도계수와 용량계수의 특징은 다음과 같다.

1 유도계수와 용량계수의 단위

$Q = CV$에서 $C = \dfrac{Q}{V}$[F]이다.

2 유도계수와 용량계수를 구하는 방법

그림과 같이 도체가 배치된 경우의 유도계수와 용량계수를 구하는 방법은 다음과 같다.

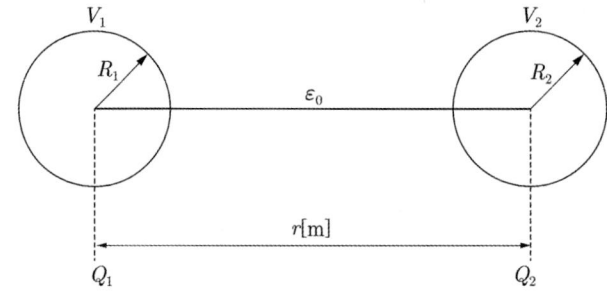

전위계수 $\begin{bmatrix} V_1 \\ V_2 \end{bmatrix} = \begin{bmatrix} P_{11} & P_{12} \\ P_{21} & P_{22} \end{bmatrix} \begin{bmatrix} Q_1 \\ Q_2 \end{bmatrix}$를 역으로 풀면

$\begin{bmatrix} Q_1 \\ Q_2 \end{bmatrix} = \begin{bmatrix} q_{11} & q_{12} \\ q_{21} & q_{22} \end{bmatrix} \begin{bmatrix} V_1 \\ V_2 \end{bmatrix}$이 된다.

여기서, 용량계수 : q_{rr}, q_{ss}

유도계수 : q_{rs}, q_{sr}

3 유도계수와 용량계수의 특성

① q_{11}, q_{22} : $q_{rr}, q_{ss} > 0$

$q_{rr} \geq q_{rs}$

② q_{12}, q_{21} : $q_{rs} = q_{sr} \leq 0$ 여기서, 유도계수는 항상 (−)이다.

콘덴서의 정전용량

콘덴서는 전하를 축적하는 장치로서 콘덴서의 용량은 정전용량으로 표시하며 정전용량은 "일정한 전위 V를 주었을 때 전하 Q를 저장하는 능력"으로 나타낸다.
정전용량의 단위는 [F]을 사용하나 일반적으로는 [μF]이나 [pF]을 사용한다.
여기서, $1[\mu F] = 10^{-6}$[F], $1[pF] = 10^{-12}$[F]

1 콘덴서의 수식

콘덴서의 계산에 필요한 수식은 다음과 같다.
① 전하량 $Q = CV$[C]
② 정전용량 $C = \dfrac{Q}{V}$[F]
③ 전위 $V = \dfrac{Q}{C}$[V]

2 콘덴서의 직렬 연결

그림과 같이 콘덴서 C_1, C_2를 직렬로 연결하면 직렬 연결 시의 특성인 전류 즉, 전하량이 일정하며 전압이 분배되게 된다.

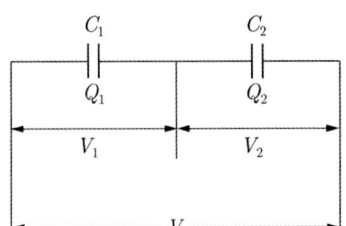

콘덴서 직렬 연결 시의 특성은 다음과 같다.
① 전하량 $Q_1 = Q_2 = Q$[C]
② 전체 전압 $V = V_1 + V_2$
$\qquad\qquad = \left(\dfrac{1}{C_1} + \dfrac{1}{C_2}\right)Q$

③ 합성 정전용량 $C = \dfrac{Q}{V} = \dfrac{Q}{\left(\dfrac{1}{C_1} + \dfrac{1}{C_2}\right)Q} = \dfrac{1}{\dfrac{1}{C_1} + \dfrac{1}{C_2}} = \dfrac{C_1 C_2}{C_1 + C_2}$[F]

④ 분배 전압 $V_1 = \dfrac{Q}{C_1} = \dfrac{C_2}{C_1 + C_2} V$[V]

$\qquad\qquad V_2 = \dfrac{Q}{C_2} = \dfrac{C_1}{C_1 + C_2} V$[V]

⑤ 직렬 연결 시 문제점
콘덴서에 걸리는 전압은 정전용량에 반비례하므로 정전용량이 적은 콘덴서부터 파괴될 우려가 있다.

예 2[μF], 3[μF], 4[μF]의 콘덴서를 직렬로 연결하고 양단에 가한 전압을 서서히 상승시킬 때 파괴되는 콘덴서의 순서는? 단, 유전체의 재질 및 두께는 같다.

풀이

콘덴서의 전압 $V = \dfrac{Q}{C} \propto \dfrac{1}{C}$ 이므로 정전용량에 반비례하므로 전압은 2[μF]의 콘덴서에 가장 크게 걸리며 콘덴서는 2[μF], 3[μF], 4[μF]의 순으로 파괴된다.

3 콘덴서의 병렬 연결

그림과 같이 콘덴서 C_1, C_2를 병렬로 연결하면 병렬 연결 시의 특성인
전압이 일정하며 전류가 분배되게 된다.

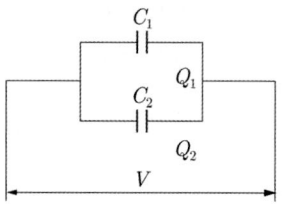

콘덴서 병렬 연결 시의 특성은 다음과 같다.
① 전압 : $V_1 = V_2 = V[\text{V}]$

② 전체 전하량 : $Q = Q_1 + Q_2 = (C_1 + C_2)V$

③ 합성 정전용량 : $C = \dfrac{Q}{V} = \dfrac{(C_1 + C_2)V}{V} = C_1 + C_2 [\text{F}]$

④ 분배 전하량 : $Q_1 = C_1 V = \dfrac{C_1}{C_1 + C_2} Q$

$\qquad\qquad\qquad Q_2 = C_2 V = \dfrac{C_2}{C_1 + C_2} Q$

일반적으로 콘덴서의 연결은 내압 때문에 직렬이 아니라 병렬로 연결하므로 별다른 언급이 없는 콘덴서의 연결은 병렬로 보고 계산한다.
콘덴서를 연결하는 경우의 계산법은 다음의 순서로 시행한다.
- 전체 정전용량(C_T) 계산
- 전체 전하량(Q_T) 계산
- 공통전위(V_T) 계산

예 Q_1으로 대전된 용량 C_1의 콘덴서에 용량 C_2를 병렬 연결한 경우 C_2가 분배받는 전기량은?
단, V_1은 콘덴서 C_1에 Q_1으로 충전되었을 때의 C_1 양단 전압이다.

풀이
콘덴서의 연결
① 전체 정전용량 : $C_T = C_1 + C_2$
② 전체 전하량 : $Q_T = Q_1 = C_1 V_1$
③ 공통전위 : $V_T = \dfrac{Q_T}{C_T} = \dfrac{Q_1}{C_1 + C_2} = \dfrac{C_1 V_1}{C_1 + C_2}$

따라서 C_2가 분배받는 전기량 Q_2는

$\therefore Q_2 = C_2 V_T = \dfrac{Q_1}{C_1 + C_2} C_2 = \dfrac{C_1 C_2}{C_1 + C_2} V_1 [\text{C}]$

정전용량의 계산

일반적인 정전용량의 계산은 다음의 방법으로 한다.

전계의 세기 $\int E\ ds = \dfrac{Q}{\epsilon_0}$ [V/m]

↓

전위 $V = -\int_{\infty}^{P} E\ dl$ [V]

↓

정전용량 $C = \dfrac{Q}{V}$ [F]

1 구도체의 정전용량 계산

① 전계의 세기 $E = \dfrac{Q}{4\pi\epsilon_0 r^2}$ [V/m]

② 전위 $V = -\int_{\infty}^{a} E\ dl = \dfrac{Q}{4\pi\epsilon_0 a}$ [V]

③ 정전용량 $C = \dfrac{Q}{V} = \dfrac{Q}{\dfrac{Q}{4\pi\epsilon_0 a}} = 4\pi\epsilon_0 a$ [F]

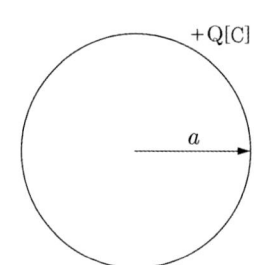

따라서 구도체의 경우 정전용량은 도체 반경에 비례한다.

2 동심구 사이의 정전용량 계산

일반적인 동심 구도체는 내구에 $+Q$를 주고 외구에 $-Q$가 주어지는 경우로 한다.

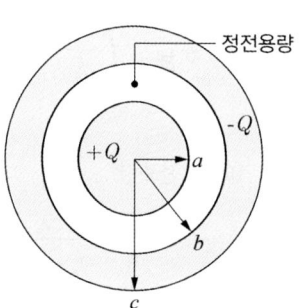

① 전계의 세기

$E = \dfrac{Q}{4\pi\epsilon_0 r^2}$ 여기서, $a < r < b$

② 전위

$V = -\int_{b}^{a} E\ dl = \dfrac{Q}{4\pi\epsilon_0}\left(\dfrac{1}{a} - \dfrac{1}{b}\right)$

③ 정전용량

$C = \dfrac{Q}{V} = \dfrac{Q}{\dfrac{Q}{4\pi\epsilon_0}\left(\dfrac{1}{a} - \dfrac{1}{b}\right)} = \dfrac{4\pi\epsilon_0}{\dfrac{1}{a} - \dfrac{1}{b}} = \dfrac{4\pi\epsilon_0 ab}{b-a}$ [F]

만약 동심 구도체가 내구에 $+Q$를 주고 외구에는 전하가 주어지지 않는 경우의 계산은 다음과 같다.

① 전계의 세기 $E = \dfrac{Q}{4\pi\epsilon_0 r^2}$

　여기서, $a < r < b$과 $r > c$

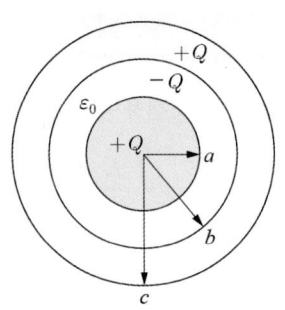

② 전위
$$V = -\int_b^a E\, dl - \int_\infty^c E\, dl = \dfrac{Q}{4\pi\epsilon_0}\left(\dfrac{1}{a} - \dfrac{1}{b}\right) + \dfrac{Q}{4\pi\epsilon_0 c}$$
$$= \dfrac{Q}{4\pi\epsilon_0}\left(\dfrac{1}{a} - \dfrac{1}{b} + \dfrac{1}{c}\right)[\text{V}]$$

③ 동축 케이블(동심 원통 도체)의 정전용량 계산

일반적인 동축 케이블(동심 원통 도체)은 내도체에 $+\lambda$를 주고 외도체에 $-\lambda$가 주어지는 경우로 한다.

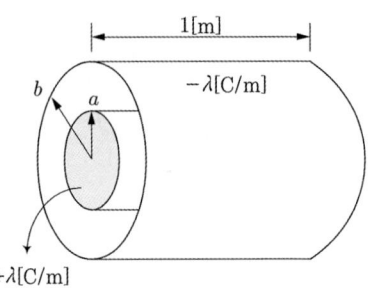

① 전계의 세기

　$E = \dfrac{\lambda}{2\pi\epsilon_0 r}$　　여기서, $a < r < b$

② 전위
$$V = -\int_b^a E\, dl = \dfrac{\lambda}{2\pi\epsilon_0}\ln\dfrac{b}{a}$$

③ 정전용량
$$C = \dfrac{Q}{V} = \dfrac{\lambda \cdot 1}{\dfrac{\lambda}{2\pi\epsilon_0}\ln\dfrac{b}{a}} = \dfrac{2\pi\epsilon_0}{\ln\dfrac{b}{a}}\,[\text{F/m}]\ :\ \text{단위 길이당 정전용량}$$

④ 평행왕복도선(왕복선로)의 정전용량 계산

일반적인 평행왕복도선은 한쪽 도선은 $+\lambda$를 주고 다른 도선은 $-\lambda$가 주어지는 경우로 하며 두 도체는 반경 $a[\text{m}]$, 거리는 $d[\text{m}]$만큼 떨어진 것으로 한다.

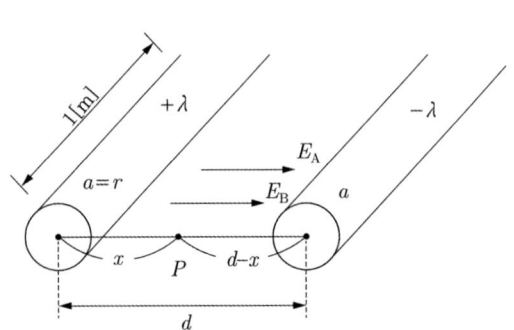

① 전계의 세기

$$E_P = E_A + E_B = \frac{\lambda}{2\pi\epsilon_0 x} + \frac{\lambda}{2\pi\epsilon_0(d-x)}$$

② 전위

$$V = -\int_{d-r}^{r} E_P \, dx = -\frac{\lambda}{2\pi\epsilon_0}\int_{d-r}^{r}\left\{\frac{1}{x} + \frac{1}{d-x}\right\}dx$$

$$= -\frac{\lambda}{2\pi\epsilon_0}\left\{[\ln x]_{d-r}^{r} + [\ln(d-x)]_{r}^{d-r}\right\}$$

$$= \frac{\lambda}{\pi\epsilon_0}\ln\frac{d-r}{r} \quad \text{여기서, } d \gg r \text{이므로, } d-r \fallingdotseq d$$

$$= \frac{\lambda}{\pi\epsilon_0}\ln\frac{d}{r} \text{ [V]}$$

③ 정전용량

$$C = \frac{Q}{V} = \frac{\lambda \cdot 1}{\frac{\lambda}{\pi\epsilon_0}\ln\frac{d}{r}} = \frac{\pi\epsilon_0}{\ln\frac{d}{r}} \text{ [F/m] : 단위 길이당 정전용량}$$

5 평행판 콘덴서의 정전용량 계산

평행판 콘덴서는 극판의 면적을 $S[\text{m}^2]$, 극판의 간격을 $d[\text{m}]$라 한다.

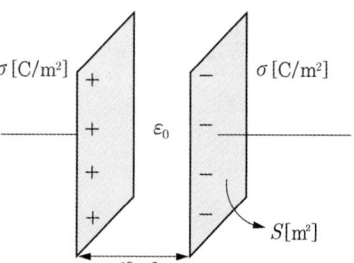

① 전계의 세기

$$E = \frac{\sigma}{\epsilon_0} = \frac{Q}{\epsilon_0 S}$$

② 전위

$$V = E \cdot d = \frac{Q}{\epsilon_0 S} \times d = \frac{Q d}{\epsilon_0 S}$$

③ 정전용량

$$C = \frac{Q}{V} = \frac{Q}{\frac{Q d}{\epsilon_0 S}} = \frac{\epsilon_0 S}{d} \text{ [F]}$$

여기서, 평행판 콘덴서의 단위 면적당 정전용량은 면적 $S = 1[\text{m}^2]$라 하면 다음과 같다.

$$C_0 = \frac{\epsilon_0}{d} \text{ [F/m}^2\text{]}$$

도체계의 에너지

1 정전계에서의 에너지 식

정전계에서의 에너지는 전하량이 불변하므로 다음 식과 같다.

$W = QV$ [J]

2 도체계에서의 에너지 식

콘덴서에 축적되는 에너지는 다음 식과 같다.

$$W = \frac{1}{2}QV = \frac{Q^2}{2C} = \frac{1}{2}CV^2 \text{ [J]}$$

① 에너지(충전 중인 경우로서 전위가 일정한 경우)

$$W = \frac{1}{2}QV = \frac{1}{2}CV^2 \text{ [J]로 계산}$$

② 에너지(충전 후인 경우로서 전하량이 일정한 경우)

$$W = \frac{1}{2}QV = \frac{Q^2}{2C} \text{ [J]로 계산}$$

만약, 여러 개의 전하와 전위가 존재하는 경우에는 중첩의 원리를 적용하여

$$W = \frac{1}{2}Q_1V_1 + \frac{1}{2}Q_2V_2 + \frac{1}{2}Q_3V_3 + \cdots$$

$$= \frac{1}{2}\sum_{n=1}^{\infty} Q_n V_n \text{ [J]로 나타낸다.}$$

이론 요약

1. 전위계수

$P_{rr},\ P_{ss} > 0,\ P_{rs} = P_{sr} \geq 0,\ P_{rr} \geq P_{rs}$

2. 용량계수와 유도계수

① 용량계수 $q_{11},\ q_{22} > 0$

② 유도계수 : $q_{12},\ q_{21} \leq 0$

③ 엘라스턴스 : 정전용량의 역수 $\dfrac{1}{C} = \dfrac{V}{Q}$ [V/C], [1/F], [daraf]

3. 전위계수가 주어질 때 정전용량

$$C = \dfrac{1}{P_{11} - 2P_{12} + P_{22}}$$

4. 정전용량 계산

① 구도체 : $C = 4\pi\epsilon_0 a$ [F]

② 동심구 : $C = \dfrac{4\pi\epsilon_0 ab}{b - a}$ [F]

③ 동축케이블(원통도체) : $C = \dfrac{2\pi\epsilon_0}{\ln\dfrac{b}{a}}$ [F/m]

④ 평행왕복도선 : $C = \dfrac{\pi\epsilon_0}{\ln\dfrac{d}{a}}$ [F/m]

⑤ 평행판 콘덴서 : $C = \dfrac{\epsilon_0 S}{d}$ [F]

5. 콘덴서의 정전 에너지

$$W = \dfrac{1}{2}QV = \dfrac{1}{2}CV^2 = \dfrac{Q^2}{2C}\ \text{[J]}$$

콘덴서에서의 흡인력 : $F = \dfrac{Q^2}{2\epsilon_0 S}$ [N]

6. 콘덴서 연결

① 직렬 연결 : $C_0 = \dfrac{C_1 C_2}{C_1 + C_2}$ (직렬 연결 시 문제점 : 내압이 작은 콘덴서부터 파괴)

② 병렬 연결 : $C_0 = C_1 + C_2$

* 공통전위 : 합성정전용량(C_T) → 전체정전용량(Q_T) → 공통전위(V_T)

03 필수 기출문제

01 다음은 도체계에 대한 용량계수와 유도계수의 성질을 나타낸 것이다. 이 중 맞지 않은 것은? 단, 첨자가 같은 것은 용량계수이며, 첨자가 다른 것은 유도계수이다.

① $q_{rs} = q_{sr}$
② $q_{rr} > 0$
③ $q_{ss} > q_{rs} > 0$
④ $q_{11} \geq -(q_{21} + q_{31} + \cdots + q_{n1})$

해설 전위계수와 용량계수
- 전위계수 : $P_{rr}, P_{ss} > 0$, $P_{rs}, P_{sr} \geq 0$, $P_{rr} \geq P_{rs}$
- 용량계수 : $q_{rr}, q_{ss} > 0$, 유도계수 : $q_{rs} = q_{sr} \leq 0$

【답】③

02 진공 중에서 떨어져 있는 두 도체 A, B가 있다. A에만 1[C]의 전하를 줄 때 도체 A, B의 전위가 각각 3[V], 2[V]였다. 지금 A, B에 각각 2[C], 1[C]의 전하를 주면 도체 A의 전위 [V]는?

① 6
② 7
③ 8
④ 9

해설
$V_A = P_{AA}Q_A + P_{AB}Q_B$
$V_B = P_{BA}Q_A + P_{BB}Q_B$ 여기서, $P_{AB} = P_{BA}$이므로
$Q_A = 1[C], Q_B = 0$일 때
$V_A = P_{AA}Q_A$에서 $V_B = P_{BA}Q_A$에서 $P_{BA} = 2$가 되며
도체 A의 전위는 $V_A = P_{AA}Q_A + P_{AB}Q_B = 3 \times 2 + 2 \times 1 = 8[V]$

【답】③

03 2개의 도체를 $+Q[C]$과 $-Q[C]$으로 대전했을 때 이 두 도체 간의 정전용량을 전위계수로 표시하면 어떻게 되는가?

① $\dfrac{P_{11}P_{22} - P_{12}^2}{P_{11} + 2P_{12} + P_{22}}$
② $\dfrac{P_{11}P_{22} + P_{12}^2}{P_{11} + 2P_{12} + P_{22}}$
③ $\dfrac{1}{P_{11} + 2P_{12} + P_{22}}$
④ $\dfrac{1}{P_{11} - 2P_{12} + P_{22}}$

해설 $V_1 = P_{11}Q_1 + P_{12}Q_2$, $V_2 = P_{21}Q_1 + P_{22}Q_2$에서
$Q_1 = +Q$이며 $Q_2 = -Q$를 적용하면

$V_1 = P_{11}Q - P_{12}Q$, $V_2 = P_{21}Q - P_{22}Q$에서
전위차 $V = V_1 - V_2 = (P_{11} - 2P_{12} + P_{22})Q$
따라서 정전용량 $C = \dfrac{Q}{V} = \dfrac{Q}{V_1 - V_2} = \dfrac{Q}{(P_{11} - 2P_{12} + P_{22})Q}$
$= \dfrac{1}{P_{11} - 2P_{12} + P_{22}}$ [F]

【답】④

04 도체계에서 임의의 도체를 일정 전위의 도체로 완전 포위하면 내외 공간의 전계를 완전히 차단할 수 있다. 이것을 무엇이라 하는가?

① 전자차폐
② 정전차폐
③ 홀(hall) 효과
④ 핀치(pinch) 효과

해설 정전차폐 : 도체계에서 임의의 도체를 일정 전위의 도체로 완전 포위하면 내외 공간의 전계를 완전히 차단, 완전차폐

【답】②

05 여러 가지 도체의 전하 분포에 있어 각 도체의 전하를 n배 하면 중첩의 원리가 성립하기 위해서는 그 전위는 어떻게 되는가?

① $\frac{1}{2}n$배가 된다.
② n배가 된다.
③ $2n$배가 된다.
④ n^2배가 된다.

해설 전위는 스칼라량이므로 여러 개의 전하가 있는 경우에는 그 합을 구해서 즉, 중첩의 원리가 적용하며 따라서 전위는 n배 된다.

$$V_n = \frac{1}{4\pi\epsilon_o} \sum_{n=1}^{n} \frac{Q_n}{r_n}$$

【답】②

06 모든 전기 장치에 접지시키는 근본적인 이유는?

① 지구의 용량이 커서 전위가 거의 일정하기 때문이다.
② 편의상 지면을 영전위로 보기 때문이다.
③ 영상 전하를 이용하기 때문이다.
④ 지구는 전류를 잘 통하기 때문이다.

해설 지구는 정전용량이 대단히 크므로 전하가 많이 축적되어도 지구의 전위는 언제나 일정하다.

【답】①

07 콘덴서의 성질에 관한 설명 중 적절하지 못한 것은?

① 용량이 같은 콘덴서를 n개 직렬 연결하면 내압은 n배가 되고 용량은 $\frac{1}{n}$배가 된다.
② 용량이 같은 콘덴서를 n개 병렬 연결하면 내압은 같고 용량은 n배가 된다.
③ 정전용량이란 도체의 전위를 1[V]로 하는 데 필요한 전하량을 말한다.
④ 콘덴서를 직렬 연결할 때 각 콘덴서에 분포되는 전하량은 콘덴서 크기에 비례한다.

해설 용량이 같은 콘덴서의 연결
- 직렬 : 내압 nV, 정전용량 $\frac{C}{n}$
- 병렬 : 내압 V, 정전용량 nC

직렬 연결할 때 각 콘덴서에 전하량은 콘덴서 용량에 관계없이 일정

【답】④

08 콘덴서를 그림과 같이 접속했을 때 C_x 의 정전용량[μF]은? 단, $C_1 = 3[\mu F]$, $C_2 = 3[\mu F]$, $C_3 = 3[\mu F]$이고 a, b 사이의 합성 정전용량 $C_0 = 5[\mu F]$이다.

① $\dfrac{1}{2}$ ② 1
③ 2 ④ 4

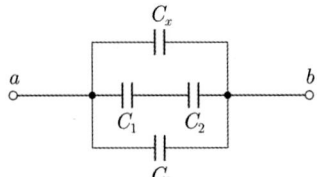

해설 전체 합성 정전용량

$$C_0 = C_x + C_3 + \dfrac{C_1 C_2}{C_1 + C_2} = 5 \text{에서}$$

$$\therefore C_x = C_0 - C_3 - \dfrac{C_1 C_2}{C_1 + C_2} = 5 - 3 - \dfrac{3 \times 3}{3 + 3} = 0.5 [\mu F]$$

【답】 ①

09 그림에서 2[μF]에 100[μC]의 전하가 충전되어 있었다면 3[μF]의 양단의 전위차는 몇 [V]인가?

① 50 ② 100
③ 200 ④ 260

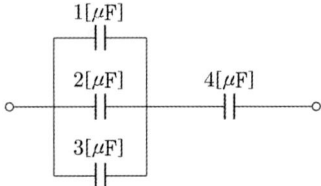

해설 2[μF]의 양단에 걸리는 전압

$$V_2 = \dfrac{Q_2}{C_2} = \dfrac{100 \times 10^{-6}}{2 \times 10^{-6}} = 50[V] \text{이며}$$

병렬 연결 시 각 콘덴서에 걸리는 전압은 같으므로 3[μF] 양단에 걸리는 전압은 2[μF]의 양단에 걸리는 전압과 같으므로 $V_3 = V_2 = 50[V]$이다.

【답】 ①

10 ★★★★★ 전압 V로 충전된 용량 C의 콘덴서에 동일 용량 C의 콘덴서 n개를 병렬 연결한 후의 콘덴서 양단간의 전압은?

① V ② nV
③ $\dfrac{V}{n}$ ④ $\dfrac{V}{n^2}$

해설 콘덴서의 연결
• 전체 정전용량 : $C_T = nC$
• 전체 전하량 : $Q_T = Q = CV$
• 공통전위 : $V_T = \dfrac{Q_T}{C_T} = \dfrac{CV}{nC} = \dfrac{V}{n}$

【답】 ③

11 ★★★★★ 반지름 $a[m]$인 구의 정전용량[F]은?

① $4\pi \epsilon_0 a$ ② $\epsilon_0 a$
③ a ④ $\dfrac{1}{4\pi} \epsilon_0 a$

해설 구도체 정전용량

- 전계 $E = \dfrac{Q}{4\pi\epsilon_o r^2}$
- 전위 $V = \dfrac{Q}{4\pi\epsilon_o r}$
- 정전용량 $C = \dfrac{Q}{V} = \dfrac{Q}{\dfrac{Q}{4\pi\epsilon_0 a}} = 4\pi\epsilon_0 a\,[\text{F}]$

【답】①

12 그림과 같은 두 개의 동심구로 된 콘덴서의 정전용량은?

① $2\pi\epsilon_0[\text{F}]$ ② $4\pi\epsilon_0[\text{F}]$
③ $8\pi\epsilon_0[\text{F}]$ ④ $12\pi\epsilon_0[\text{F}]$

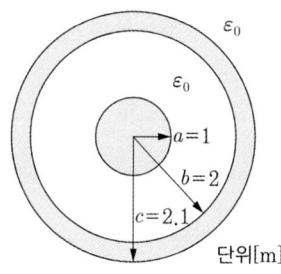
단위[m]

해설 동심구 정전용량

- 전계 $E = \dfrac{Q}{4\pi\epsilon_o r^2}$ 여기서, $a < r < b$
- 전위 $V = -\displaystyle\int_b^a E\,dl = \dfrac{Q}{4\pi\epsilon_0}\left(\dfrac{1}{a} - \dfrac{1}{b}\right)$
- 정전용량 $C = \dfrac{Q}{V} = \dfrac{Q}{\dfrac{Q}{4\pi\epsilon_0}\left(\dfrac{1}{a}-\dfrac{1}{b}\right)} = \dfrac{4\pi\epsilon_0}{\dfrac{1}{a}-\dfrac{1}{b}} = \dfrac{4\pi\epsilon_0 ab}{b-a}\,[\text{F}]$

따라서 정전용량 $C = \dfrac{4\pi\epsilon_0 ab}{b-a} = \dfrac{4\pi\epsilon_0 \times 1 \times 2}{2-1} = 8\pi\epsilon_0\,[\text{F}]$

【답】③

13 ★★★★★ 동심 구형 콘덴서의 내외 반지름을 각각 2배로 하면 정전용량은 몇 배가 되는가?

① 1배 ② 2배
③ 3배 ④ 4배

해설 동심구의 정전용량
$C' = \dfrac{4\pi\epsilon_0 ab}{b-a} = \dfrac{4\pi\epsilon_0 \cdot (2a \times 2b)}{2b-2a} = \dfrac{2 \cdot 4\pi\epsilon_0 ab}{b-a} = 2C$

【답】②

14 반지름이 1[cm]와 2[cm]인 동심 원통의 길이가 50[cm]일 때 이것의 정전용량은 약 몇 [pF]인가? 단, 내원통에 $+\lambda$[C/m], 외원통에 $-\lambda$[C/m]인 전하를 준다고 한다.

① 0.56 ② 34
③ 40   ④ 141

해설 동축 케이블(원통)의 정전용량 $C = \dfrac{2\pi\epsilon_0}{\ln\dfrac{b}{a}}\,[\text{F/m}]$ 에서 $C = \dfrac{2\pi\epsilon_0}{\ln\dfrac{b}{a}} \times l\,[\text{F}]$ 이며

따라서 $C = \dfrac{2\pi\epsilon_0}{\ln\dfrac{b}{a}} \times l = \dfrac{2\pi \times 8.855 \times 10^{-12}}{\ln\dfrac{2}{1}} \times 50 \times 10^{-2} = 40 \times 10^{-12}\,[\text{F}] = 40\,[\text{pF}]$

【답】③

15 공기 중에서 반지름 a[m], 도선의 중심축 간 거리 d[m]($d \gg a$)인 평행 도선 사이의 단위 길이당 정전용량[F/m]을 나타낸 것은 어느 것인가?

① $\dfrac{\pi\epsilon_0}{\ln\dfrac{d}{a}}$
② $\dfrac{12.07 \times 10^{-12}}{\ln\dfrac{d}{a}}$

③ $\dfrac{24.16}{\ln\dfrac{d}{a}} \times 10^{-12}$
④ $\dfrac{2\pi\epsilon_0}{\ln\dfrac{d}{a}}$

해설 평행왕복도선의 단위 길이당 정전용량

$C = \dfrac{\pi\epsilon_0}{\ln\dfrac{d}{r}}$ [F/m]

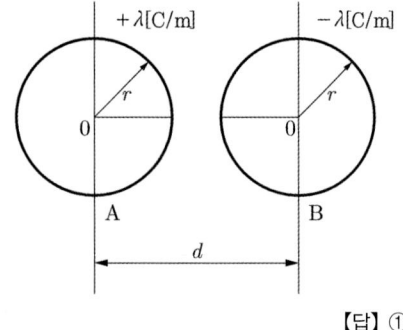

【답】①

16 ★★★★★ 평행판 콘덴서의 양극판 면적을 3배로 하고 간격을 $\dfrac{1}{2}$ 배로 하면 정전용량은 처음의 몇 배가 되는가?

① $\dfrac{3}{2}$ ② $\dfrac{2}{3}$ ③ $\dfrac{1}{6}$ ④ 6

해설 평행판 콘덴서 정전용량 $C = \dfrac{\epsilon_0 S}{d}$ [F]에서

양극판 면적을 3배로 하고 간격을 $\dfrac{1}{2}$ 배로 하면

$C' = \dfrac{\epsilon_0}{\dfrac{1}{2}d} \times 3S = 6\dfrac{\epsilon_0}{d}S = 6C$

【답】④

17 진공 중 반지름이 a[m]인 원형 도체판 2매를 써서 극판 거리 d[m]인 콘덴서를 만들었다. 만약 이 콘덴서의 극판 거리를 2배로 하고 정전용량은 일정하게 하려면 이 도체판의 반지름은 a의 몇 배로 하면 되는가?

① 2 ② 0.2

③ $\sqrt{2}$ ④ $\dfrac{1}{\sqrt{2}}$

해설 평행판 콘덴서 정전용량 $C = \dfrac{\epsilon_0 S}{d}$ [F]에서

처음의 면적을 πa_1^2이라 하고 나중의 면적을 πa_2^2이라 하면

$C = \dfrac{\epsilon\pi a_1^2}{d} = \dfrac{\epsilon\pi a_2^2}{2d} =$ 일정

따라서 $a_2^2 = 2a_1^2$ 이므로 $a_2 = \sqrt{2}\,a_1$

【답】③

18 콘덴서의 전위차와 축적되는 에너지와의 관계를 그림으로 나타내면 다음의 어느 것인가?
① 쌍곡선　　　　　　　　　　② 타원
③ 포물선　　　　　　　　　　④ 직선

해설 에너지 $W = \dfrac{1}{2}QV = \dfrac{1}{2}CV^2$ [J] (충전 중) : 전위 일정

$ = \dfrac{Q^2}{2C}$ [J] (충전 후) : 전하 일정

따라서 $W = \dfrac{1}{2}CV^2 \propto V^2$ 이므로 포물선의 형태이다.　　【답】③

19 정전용량이 C [F]인 콘덴서에 V [V]의 전압을 가하여 Q [C]의 전기량을 충전시켰을 때 이에 축적되는 에너지[J]는?

① $\dfrac{CV}{2}$　　　② $\dfrac{QV}{2}$　　　③ $\dfrac{C^2V}{2}$　　　④ $2QV$

해설 콘덴서에 축적되는 에너지
$$W = \int_0^Q v\,dq = \dfrac{1}{C}\int_0^Q q\,dq = \dfrac{Q^2}{2C} = \dfrac{1}{2}QV = \dfrac{1}{2}CV^2 \text{[J]}$$
【답】②

20 면적 S[m²], 간격 d[m]인 평행판 콘덴서에 전하 Q[C]을 충전하였을 때 정전용량 C[F]와 정전에너지 W[J]는?

① $C = \dfrac{\epsilon_0}{d^2},\ \ W = \dfrac{dQ^2}{2\epsilon_0 S}$　　　② $C = \dfrac{2\epsilon_0 S}{d},\ \ W = \dfrac{Q^2}{4\epsilon_0 S}$

③ $C = \dfrac{\epsilon_0 S}{d},\ \ W = \dfrac{dQ^2}{2\epsilon_0 S}$　　　④ $C = \dfrac{2\epsilon_0}{d^2},\ \ W = \dfrac{Q^2}{\epsilon_0 S}$

해설 평행판 콘덴서의 정전용량 $C = \dfrac{\epsilon_0 S}{d}$

에너지 $W = \dfrac{1}{2}QV = \dfrac{1}{2}CV^2$ [J] (충전 중) : 전위 일정

$ = \dfrac{Q^2}{2C}$ [J] (충전 후) : 전하 일정

여기서, 전하 Q가 주어져 있으므로 전하가 일정하다고 하면 ∴ 정전 에너지 $W = \dfrac{Q^2}{2C} = \dfrac{Q^2}{2\dfrac{\epsilon_o S}{d}} = \dfrac{Q^2 d}{2\epsilon_0 S}$ [J]　【답】③

21 두 도체의 전위 및 전하가 각각 $V_1,\ Q_1$ 및 $V_2,\ Q_2$일 때 도체가 갖는 에너지는?

① $\dfrac{1}{2}(V_1 Q_1 + V_2 Q_2)$　　　② $\dfrac{1}{2}(Q_1 + Q_2)(V_1 + V_2)$

③ $V_1 Q_1 + V_2 Q_2$　　　④ $(V_1 + V_2)(Q_1 + Q_2)$

해설 도체계의 전 에너지 W는 스칼라량이므로 여러 개의 전하와 전위가 있는 경우 중첩의 원리를 적용하면
$W = \sum_{i=1}^{n} \dfrac{1}{2} Q_i V_i$ [J]로 나타내며, 따라서 $W = \dfrac{1}{2}(Q_1 V_1 + Q_2 V_2)$ [J]가 된다.　【답】①

22 면적 $S[m^2]$, 간격 $d[m]$인 평행판 콘덴서에 $Q[C]$의 전하를 충전시킬 때 흡인력[N]은?

① $\dfrac{Q^2}{2\epsilon_0 S}$ ② $\dfrac{Q^2 d}{2\epsilon_0 S}$ ③ $\dfrac{Q^2}{4\epsilon_0 S}$ ④ $\dfrac{Q^2 d}{4\epsilon_0 S}$

해설

에너지 $W = \dfrac{1}{2}QV = \dfrac{1}{2}CV^2[J]$ (충전 중) : 전위 일정

$= \dfrac{Q^2}{2C}[J]$ (충전 후) : 전하 일정

여기서, 전하 Q가 주어져 있으므로 전하가 일정하다고 하면

∴ 정전 에너지 $W = \dfrac{Q^2}{2C} = \dfrac{Q^2}{2\dfrac{\epsilon_o S}{d}} = \dfrac{Q^2 d}{2\epsilon_0 S}[J]$

정전력 $F = -\dfrac{\partial W}{\partial d} = -\dfrac{\partial}{\partial d}\left(\dfrac{dQ^2}{2\epsilon_0 S}\right) = -\dfrac{Q^2}{2\epsilon_0 S}[N]$

【답】①

23 2[μF], 3[μF], 4[μF]의 콘덴서를 직렬로 연결하고 양단에 가한 전압을 서서히 상승시킬 때 다음 중 옳은 것은? 단, 유전체의 재질 및 두께는 같다.

① 2[μF]의 콘덴서가 제일 먼저 파괴된다.   ② 3[μF]의 콘덴서가 제일 먼저 파괴된다.
③ 4[μF]의 콘덴서가 제일 먼저 파괴된다.   ④ 세 개의 콘덴서가 동시에 파괴된다.

해설

콘덴서의 전압 $V = \dfrac{Q}{C} \propto \dfrac{1}{C}$이므로 정전용량에 반비례하므로 전압은 2[$\mu$F]의 콘덴서에 가장 크게 걸린다. 콘덴서는 2[μF], 3[μF], 4[μF]의 순으로 파괴된다.

【답】①

24 내압이 1[kV]이고 용량이 각각 0.01[μF], 0.02[μF], 0.05[μF]인 콘덴서를 직렬로 연결했을 때의 전체 내압[V]은?

① 3,000   ② 1,750
③ 1,700   ④ 1,500

해설

콘덴서의 전압
$V = \dfrac{Q}{C} \propto \dfrac{1}{C}$이므로 정전용량에 반비례하며

$V_1 : V_2 : V_3 = \dfrac{1}{0.01} : \dfrac{1}{0.02} : \dfrac{1}{0.05} = 10 : 5 : 2$이므로

V의 최댓값은 정전용량이 가장 적은 0.01[μF]에 전압이 최대로 걸리므로

$V_1 = \dfrac{10}{17}V$이므로 전체 내압은 $V_{max} = \dfrac{17}{10}V_{1max} = \dfrac{17}{10} \times 1,000 = 1,700[V]$

【답】③

25 반지름 3[cm] 및 2[cm]의 도체 구에 각각 4[μC] 및 −6[μC]의 전하가 대전되어 있다. 두 구를 접속시키면 반지름 3[cm]의 도체 구에 남는 전기량[μC]은?

① −1   ② −1.2
③ −0.8   ④ 0.8

해설

두 개의 대전된 도체 구를 접속하면
중화 현상으로 인해 전체 전기량 $Q = -2[\mu C]$가 되며

반지름 3[cm]의 도체 구에 남는 전기량 $Q_1 = \dfrac{3}{3+2} \times (-2) = -1.2[\mu C]$

【답】②

CHAPTER 04 유전체

비유전율(ϵ_s) · 분극(Electric polarization) · 패러데이관(Faraday Tube) · 경계조건 · 유전체에 작용하는 힘 ($\epsilon_1 > \epsilon_2$) · 유전체의 연결

유전체(Dielectric subside)는 전계 중에서 분극현상이 일어나는 절연체를 나타내며 이는 동일한 전위차에 대해 더 많은 전하가 축적되면 정전용량이 증가하며 이처럼 전하를 유도하는 물질이라는 뜻에서 절연물을 유전체라 한다.

비유전율(ϵ_s)

콘덴서에 공기를 채울 때와 물질을 채웠을 때의 비를 나타내며 보통은 공기를 제외하고는 1보다 큰 값으로 된다.

$$\epsilon_s = \frac{C}{C_0} \geq 1$$

여기서, C_0 : 공기 콘덴서의 정전용량
C : 물질을 채운 경우의 정전용량

여러 유전체의 비유전율은 다음과 같다.
- 진공(공기) : 1
- 종이 : 2 ~ 2.6
- 변압기 기름 : 2.2~2.4
- 운모 : 5.5~6.6
- 산화티탄 자기 : 115~5,000

1 유전율과 비유전율과의 관계

유전율 $\epsilon = \epsilon_0 \epsilon_s$ [F/m]이며

여기서, $\epsilon_0 = 8.855 \times 10^{-12}$ 으로 나타낸다.

2 유전체의 쿨롱의 힘 비교

유전체 중에서의 쿨롱의 힘을 비롯한 여러 가지 관계를 진공일 때와 비교하여 나타내면 다음과 같다.
① 쿨롱의 힘
- 진공일 때의 쿨롱의 힘 : $F_0 = \dfrac{Q_1 Q_2}{4\pi\epsilon_o r^2}$ [N]

- 유전체에서의 쿨롱의 힘 : $F = \dfrac{Q_1 Q_2}{4\pi\epsilon_o \epsilon_s r^2}$ [N]

따라서 유전체에서의 쿨롱의 힘은 감소하게 되며 그 관계식은 다음과 같다.

$$F = \dfrac{1}{\epsilon_s} F_0$$

② 전계의 세기

- 진공일 때의 전계의 세기 : $E_0 = \dfrac{Q}{4\pi\epsilon_o r^2}$ [V/m]

- 유전체일 때의 전계의 세기 : $E = \dfrac{Q}{4\pi\epsilon_o \epsilon_s r^2}$ [V/m]

따라서 유전체에서의 전계의 세기는 감소하게 되며 그 관계식은 다음과 같다.

$$E = \dfrac{1}{\epsilon_s} E_0$$

여기서, 전하량은 일정하다는 가정이 있으며
전하량이 일정한 경우 전계의 세기는 감소하고 전속 밀도는 불변한다.

③ 전위

- 진공일 때의 전위 : $V_0 = \dfrac{Q}{4\pi\epsilon_o r}$ [V]

- 유전체일 때의 전위 : $V = \dfrac{Q}{4\pi\epsilon_o \epsilon_s r}$ [V]

따라서 유전체에서의 전위는 감소하게 되며 그 관계식은 다음과 같다.

$$V = \dfrac{1}{\epsilon_s} V_0$$

④ 전기력선 수

- 진공일 때의 전기력선 수 : $N_0 = \dfrac{Q}{\epsilon_o}$

- 유전체일 때의 전기력선 수 : $N = \dfrac{Q}{\epsilon_o \epsilon_s}$

따라서 유전체에서의 전기력선 수는 감소하게 되며 그 관계식은 다음과 같다.

$$N = \dfrac{1}{\epsilon_s} N_0$$

⑤ 전속 밀도
- 진공일 때의 전속 밀도 : $D_0 = \epsilon_0 E_0 [\text{C/m}^2]$
- 유전체일 때의 전속 밀도 : $D = \epsilon_0 \epsilon_s E [\text{C/m}^2]$

따라서 유전체에서의 전속 밀도는 증가하게 되며 그 관계식은 다음과 같다.

$$D = \epsilon_s D_0 \text{(전위 일정)}$$

여기서, 전위가 일정하다는 가정이 있으며
전위가 일정한 경우 전계의 세기는 불변하고 전속 밀도는 증가한다.

⑥ 정전용량
- 진공에서의 정전용량 : $C_0 = \dfrac{\epsilon_0 S}{d} [\text{F}]$
- 유전체에서의 정전용량 : $C = \dfrac{\epsilon_0 \epsilon_s S}{d} [\text{F}]$

따라서 유전체에서의 정전용량은 증가하게 되며 그 관계식은 다음과 같다.

$$C = \epsilon_s C_0$$

분극(Electric polarization)

1 분극

분극은 그림에서와 같이 유전체 양단에 전하 Q가 생성되는 현상으로 이때 발생되는 전하를 분극전하라 하고 분극전하에 의해 전기쌍극자를 형성하는 현상을 나타낸다.

여기서, σ : 진전하 밀도
  σ' : 분극전하 밀도
  $\sigma - \sigma'$: 겉보기 전하 밀도, 합쳐놓은 것

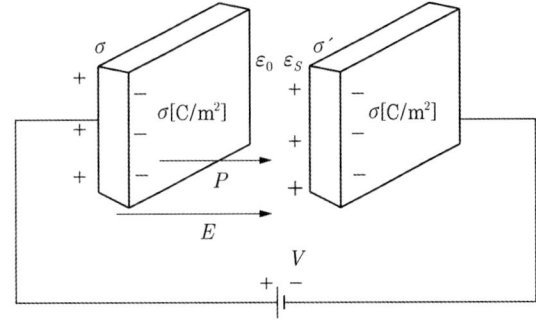

2 전자분극

무극성 물질에 양자(+)와 전자(-)의 힘이 평행을 이룬 상태에서 전계를 가하면 핵을 중심으로 하는 +, - 전하의 대칭이 깨어져서 전하의 이동이 일어나서 분극이 발생되는 것을 전자분극이라 한다.

3 분극의 세기

분극의 세기는 단위 면적에 대한 분극전하량 또는, 단위 체적당의 전기쌍극자모멘트로 정의할 수 있다.
분극의 세기(P) : 체적당 모멘트

$P = \sigma$
$= \lim_{\Delta V \to 0} \dfrac{\Delta M}{\Delta V} [\text{C/m}^2]$ 여기서, $M = Q \cdot \delta [\text{C} \cdot \text{m}]$은 모멘트
$= \lim_{\Delta S \to 0} \dfrac{\Delta Q}{\Delta S} [\text{C/m}^2]$

따라서 분극의 세기는 다음과 같이 나타낸다.

$P = \lim_{\Delta V \to 0} \dfrac{\Delta M}{\Delta V} = \dfrac{M}{V} [\text{C/m}^2]$
$= \epsilon_0 (\epsilon_s - 1) E = \left(1 - \dfrac{1}{\epsilon_s}\right) D$
$= \chi E [\text{C/m}^2]$ 여기서, χ는 분극률

패러데이관(Faraday Tube)

패러데이관은 단위 전하에서 출발하는 유전속관으로 다음의 그림과 같다.

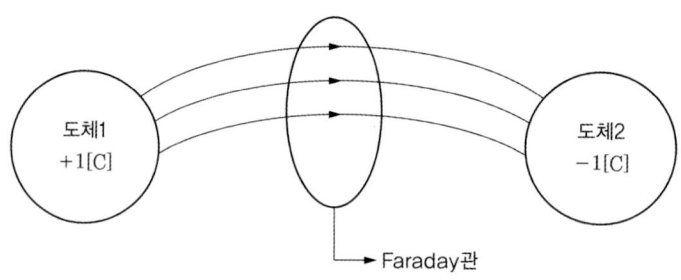

여기서, 패러데이관의 특징은 다음과 같다.
① 패러데이관 밀도는 전속 밀도와 같다.
② 패러데이관 양단에 정·부의 단위 전하[C/m²]가 존재한다.
③ 진전하가 없는 점에서 패러데이관은 연속이다.

경계조건

유전율이 ϵ_1, ϵ_2인 2개의 유전체가 경계면을 이루고 배치되면 전계와 전속선은 굴절하게 된다. 이때, 경계면은 완전 경계 조건이 적용되며 이 경우 경계면의 전하 밀도는 0이다.
여기서, 경계면에서 완전 경계 조건은 다음의 두 가지 조건을 만족하게 된다.

- 전계의 접선 성분이 연속 : $E_1\sin\theta_1 = E_2\sin\theta_2$
- 전속 밀도의 법선 성분이 연속 : $D_1\cos\theta_1 = D_2\cos\theta_2$
- 두 경계면의 전위는 서로 같다.

위의 식에서 경계 조건은 $\dfrac{\tan\theta_1}{\tan\theta_2} = \dfrac{\epsilon_1}{\epsilon_2}$ 로 된다.

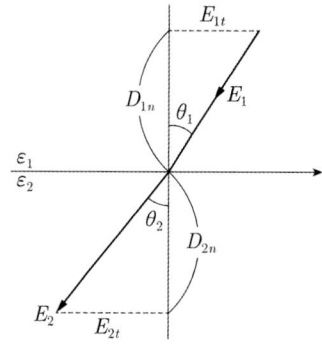

두 개의 유전체가 경계면을 이루는 경우의 특징은 다음과 같다.
① $\epsilon_1 > \epsilon_2$일 때 $\theta_1 > \theta_2$, $D_1 > D_2$, $E_1 < E_2$
② 전속은 유전율이 큰 쪽에 모인다.
③ 유전율이 큰 쪽에서 작은 쪽으로 작용(Maxwell 응력)

유전체에 작용하는 힘($\epsilon_1 > \epsilon_2$)

두 개의 유전체가 경계면을 이루는 경우 유전체에 작용하는 힘은 전계가 경계면에 수직인 경우 및 전계가 경계면에 평행으로 작용하는 두 가지로 구분하여 나타낼 수 있다.

1 **전계가 경계면에 수직인 경우($\theta_1 = 0°$)**
  ① $E_1\sin\theta_1 = E_2\sin\theta_2$에서 $\theta_1 = 0°$이라면
    $E = 0$
  ② $D_1\cos\theta_1 = D_2\cos\theta_2$에서 $\theta_1 = 0°$이라면
    $D = D_1 = D_2$
  ③ 전기력선과 전속은 굴절하지 않는다.
  ④ 면적당 작용하는 힘은 다음과 같다.

  $$f = f_2 - f_1 = \frac{1}{2}E_2D_2 - \frac{1}{2}E_1D_1$$
  $$= \frac{1}{2}\frac{D_2}{\epsilon_2}D_2 - \frac{1}{2}\frac{D_1}{\epsilon_1}D_1 = \frac{1}{2}\left(\frac{1}{\epsilon_2} - \frac{1}{\epsilon_1}\right)D^2 [\text{N/m}^2] \quad \text{여기서}, \ D = D_1 = D_2$$

2 **전계가 경계면에 평행($\theta_1 = 90°$)인 경우**
  ① $E_1\sin\theta_1 = E_2\sin\theta_2$에서 $\theta_1 = 90°$이라면
    $E = E_1 = E_2$
  ② $D_1\cos\theta_1 = D_2\cos\theta_2$에서 $\theta_1 = 90°$이라면
    $D = 0$

③ 면적당 작용하는 힘은 다음과 같다.

$$f = f_1 - f_2 = \frac{1}{2}E_1D_1 - \frac{1}{2}E_2D_2$$
$$= \frac{1}{2}\epsilon_1 E_1^2 - \frac{1}{2}\epsilon_2 E_2^2 = \frac{1}{2}(\epsilon_1 - \epsilon_2)E^2 [\text{N/m}^2] \quad \text{여기서, } E = E_1 = E_2$$

유전체의 연결

1 직렬 연결(간격의 변화)

유전율이 ϵ_1, ϵ_2인 전 유전체의 정전용량을 C_1, C_2라 하고 직렬로 연결하면 합성 정전용량은 다음과 같다.

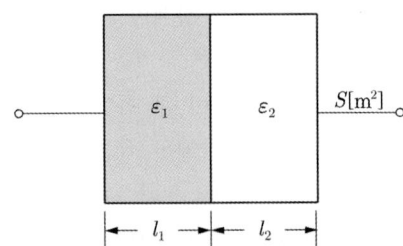

여기서, 정전용량 $C_1 = \dfrac{\epsilon_1 S}{l_1}$, $C_2 = \dfrac{\epsilon_2 S}{l_2}$이므로

직렬 합성 정전용량은

$$\therefore C = \frac{1}{\dfrac{1}{C_1} + \dfrac{1}{C_2}} = \frac{C_1 C_2}{C_1 + C_2} = \frac{\dfrac{\epsilon_1 S \epsilon_2 S}{l_1 l_2}}{\dfrac{\epsilon_1 S}{l_1} + \dfrac{\epsilon_2 S}{l_2}} = \frac{\epsilon_1 \epsilon_2 S}{\epsilon_2 l_1 + \epsilon_1 l_2} = \frac{S}{\dfrac{l_1}{\epsilon_1} + \dfrac{l_2}{\epsilon_2}} [\text{F}] \text{가 된다.}$$

2 병렬 연결(면적의 변화)

유전율이 ϵ_1, ϵ_2인 전 유전체의 정전용량을 C_1, C_2라 하고 병렬로 연결하면 합성 정전용량은 다음과 같다.

$C_1 = \dfrac{\epsilon_1 S}{d}$, $C_2 = \dfrac{\epsilon_2 S}{d}$이므로

$$\therefore C = C_1 + C_2 = \frac{\epsilon_1 S_1}{d} + \frac{\epsilon_2 S_2}{d}$$
$$= \frac{1}{d}(\epsilon_1 S_1 + \epsilon_2 S_2) [\text{F}] \text{가 된다.}$$

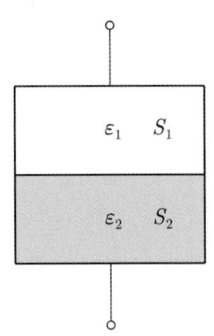

3 직렬 연결(간격의 $\dfrac{1}{2}$에 물질을 채우는 경우)

공기 콘덴서의 간격의 $\dfrac{1}{2}$에 물질을 채우는 경우의 정전용량은 직렬 연결로 계산하며 합성 정전용량은 다음과 같다.

여기서, 공기 부분의 정전용량을 C_1이라 하고 유전율이 ϵ_s인 전 유전체의 정전용량을 C_2라 하면

$C_1 = \dfrac{\epsilon_0 S}{\dfrac{d}{2}}$, $C_2 = \dfrac{\epsilon_0 \epsilon_s S}{\dfrac{d}{2}}$ 이므로 합성 정전용량은

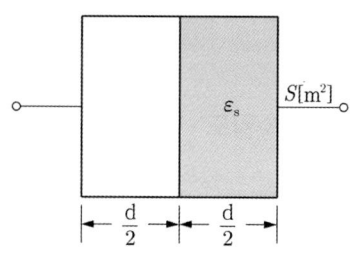

$$\therefore C = \dfrac{1}{\dfrac{1}{C_1} + \dfrac{1}{C_2}} = \dfrac{C_1 C_2}{C_1 + C_2} = \dfrac{\dfrac{\epsilon_0 S}{\dfrac{d}{2}} \dfrac{\epsilon_0 \epsilon_s S}{\dfrac{d}{2}}}{\dfrac{2\epsilon_0 S}{d} + \dfrac{2\epsilon_0 \epsilon_s S}{d}}$$

$$= \dfrac{2 C_0}{1 + \dfrac{1}{\epsilon_s}} \text{[F]가 된다.}$$

이론 요약

1. 전속밀도
$$D = \epsilon_0 \epsilon_s E \, [\text{c/m}^2]$$

2. 분극의 세기(체적당 모멘트)
$$P = D - \epsilon_o E = \epsilon_0 (\epsilon_s - 1) E = \left(1 - \frac{1}{\epsilon_s}\right) D \, [\text{c/m}^2], \quad \text{분극률} : \chi = \epsilon_o (\epsilon_s - 1)$$

3. 비유전율(ε_s)과의 관계
① 힘 : $F = \dfrac{1}{\epsilon_s} F_0$

② 전계 : $E = \dfrac{1}{\epsilon_s} E_0$ (전하량일정)

③ 전위 : $V = \dfrac{1}{\epsilon_s} V_0$

④ 전기력선수 : $N = \dfrac{1}{\epsilon_s} N_0$, 전하량이 일정하면 전기력선수는 감소하지만 전속은 불변

⑤ 정전용량 : $C = \epsilon_s C_0$

⑥ 전속밀도 : $D = \epsilon_s D_0$ (전위일정)

4. 경계조건
① 전계의 접선성분이 연속 : $E_1 \sin\theta_1 = E_2 \sin\theta_2$

② 전속밀도의 법선성분이 연속 : $D_1 \cos\theta_1 = D_2 \cos\theta_2$, $\epsilon_1 E_1 \cos\theta_1 = \epsilon_2 E_2 \cos\theta_2$

③ $\dfrac{\tan\theta_1}{\tan\theta_2} = \dfrac{\epsilon_1}{\epsilon_2}$

④ $\epsilon_1 > \epsilon_2$ 일 경우 $\theta_1 > \theta_2$, $E_1 < E_2$, $D_1 > D_2$

경계면에서 힘은 유전율이 큰 쪽에서 작은 쪽으로 작용(Maxwell 응력)

⑤ 전계가 경계면에 수직으로 입사 ($\theta_1 = 0°$)

$E \neq 0$ (전계는 불연속)

$D = D_1 = D_2$

전계, 전속은 굴절하지 않는다.

경계면에서의 힘 $f = \dfrac{1}{2}\left(\dfrac{1}{\epsilon_2} - \dfrac{1}{\epsilon_1}\right) D^2 \, [\text{N/m}^2]$

⑥ 전계가 경계면에 평행으로 입사

$D \neq 0$, $E = E_1 = E_2$,

경계면에서의 힘 : $f = \dfrac{1}{2}(\epsilon_1 - \epsilon_2) E^2$

5. 유전체 연결

① 직렬연결 $C = \dfrac{\epsilon_1 \epsilon_2 S}{\epsilon_1 d_2 + \epsilon_2 d_1} = \dfrac{S}{\dfrac{d_1}{\epsilon_1} + \dfrac{d_2}{\epsilon_2}}$

② 병렬연결 $C = \dfrac{1}{d}(\epsilon_1 S_1 + \epsilon_2 S_2 + \epsilon_3 S_3)$

③ 간격의 $\dfrac{1}{2}$에 물질을 삽입 $C = \dfrac{2C_0}{1 + \dfrac{1}{\epsilon_s}}$ ($C_o \sim 2C_o$ 사이 값)

6. 유전체 체적당 에너지, 정전응력(면적 당 힘)

$$w = \dfrac{\sigma^2}{2\epsilon} = \dfrac{1}{2}\epsilon E^2 = \dfrac{D^2}{2\epsilon} \, [\text{J/m}^3], \, [\text{N/m}^2]$$

7. 패러데이관

- 양단에는 양 또는 음의 단위 진전하가 존재
- 패러데이관의 밀도 = 전속밀도
- $W = \dfrac{1}{2}QV = \dfrac{1}{2} \times 1 \times 1 = \dfrac{1}{2}$ [J]

CHAPTER 04 필수 기출문제

꼭! 나오는 문제만 간추린

01 다음 물질 중 비유전율이 가장 큰 것은?
① 산화티탄 자기
② 종이
③ 운모
④ 변압기 기름

해설 비유전율
$\epsilon_s = \dfrac{C}{C_0}$ 진공일 때와 물질을 채웠을 때의 정전용량
- 종이 : 2~2.6
- 변압기 기름 : 2.2~2.4
- 운모 : 5.5~6.6
- 산화티탄 자기 : 115~5,000

【답】①

02 콘덴서에 비유전율 ϵ_r인 유전체로 채워져 있을 때의 정전용량 C와 공기로 채워져 있을 때 정전용량 C_0와의 비 C/C_0는?
① ϵ_r
② $1/\epsilon_r$
③ $\sqrt{\epsilon_r}$
④ $1/\sqrt{\epsilon_r}$

해설 비유전율
$\epsilon_s = \dfrac{C}{C_0}$ 진공일 때와 물질을 채웠을 때의 정전용량

【답】①

03 유전율 $\epsilon_0 \epsilon_s$의 유전체 내에 있는 전하 Q에서 나오는 전속선 총수는?
① $\dfrac{Q}{\epsilon_s}$
② $\dfrac{Q}{\epsilon_0}$
③ $\dfrac{Q}{\epsilon_0 \epsilon_s}$
④ Q

해설 전속수 $\psi = \int_s \boldsymbol{D} \, d\boldsymbol{S} = Q$에서 전속선 총수는 진전하량과 같다.
전속은 물질에 관계없이 전하량과 같다.

【답】④

04 ★★★★★ 진공 중에서 어떤 대전체의 전속이 Q였다. 이 대전체를 비유전율 2.2인 유전체 속에 넣었을 경우의 전속은?
① Q
② ϵQ
③ $2.2 Q$
④ 0

해설 전속 $\psi = \int_s D \, ds = Q$에서
전속은 전하량과 같다. 따라서 전하량이 Q로 변하지 않은 경우이므로 전속은 변하지 않는다.

【답】①

05 공기 중 두 점전하 사이에 작용하는 힘이 5[N]이었다. 두 전하 사이에 유전체를 넣었더니 힘이 2[N]으로 되었다면 유전체의 비유전율은 얼마인가?

① 15　　　② 10　　　③ 5　　　④ 2.5

해설
- 공기 중 두 점전하 사이에 작용하는 힘 $F_0 = \dfrac{Q_1 Q_2}{4\pi \epsilon_0 r^2}$ [N]
- 유전체를 두 전하 사이에 넣었을 때 힘 $F = \dfrac{Q_1 Q_2}{4\pi \epsilon_0 \epsilon_s r^2}$ [N]

따라서 $F = \dfrac{1}{\epsilon_s} F_0$ 이므로 $\epsilon_s = \dfrac{F_0}{F} = \dfrac{5}{2} = 2.5$　　【답】④

06 그림과 같이 평행판 콘덴서의 극판 사이에 유전율이 각각 ϵ_1, ϵ_2인 두 유전체를 반반씩 채우고 극판 사이에 일정한 전압을 걸어 준다. 이때 매질 (Ⅰ), (Ⅱ) 내의 전계의 세기 E_1, E_2 사이에는 다음 어느 관계가 성립하는가?

① $E_2 = 4E_1$　　② $E_2 = 2E_1$
③ $E_2 = E_1/4$　　④ $E_2 = E_1$

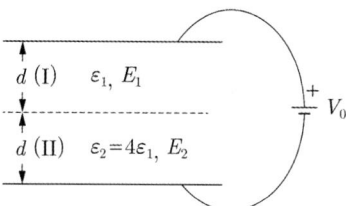

해설 비유전율(ϵ_s)과의 관계에서 일정 전압을 걸어서 충전하면

전계는 $E = \dfrac{1}{\epsilon_s} E_0$ 이면 $\dfrac{E_1}{E_2} = \dfrac{\epsilon_2}{\epsilon_1} = 4$

$\therefore E_2 = \dfrac{1}{4} E_1$　　【답】③

07 면적 S [m²], 극간 거리 d[m]인 평행판 콘덴서에 비유전율 ϵ_s의 유전체를 채운 경우의 정전용량은? 단, 진공의 유전율은 ϵ이다.

① $\dfrac{\epsilon_s S}{4\pi \epsilon_0 d}$　　② $\dfrac{4\pi \epsilon_0 \epsilon_s}{Sd}$　　③ $\dfrac{\epsilon_s S}{\epsilon_0 d}$　　④ $\dfrac{\epsilon_0 \epsilon_s S}{d}$

해설 정전용량

$C = \dfrac{Q}{V} = \dfrac{Q}{Ed} = \dfrac{\sigma S}{\dfrac{\sigma d}{\epsilon_0 \epsilon_s}} = \sigma S \times \dfrac{\epsilon_0 \epsilon_s}{\sigma d} = \dfrac{\epsilon_0 \epsilon_s S}{d}$ [F]　여기서, 전하량 $Q = \sigma \cdot S$[C], 전계의 세기 $E = \dfrac{\sigma}{\epsilon} = \dfrac{\sigma}{\epsilon_0 \epsilon_s}$　【답】④

08 평행판 콘덴서의 판 사이가 진공으로 되어 정전용량이 C_0인 콘덴서가 있다. 이 콘덴서에 유전체를 삽입하여 정전용량 C를 얻었다. 다음 중 틀린 것은?

① 유전체를 삽입한 콘덴서의 정전용량 C는 진공인 때의 정전용량 C_0보다 커진다.
② 삽입된 유전체 내의 전계는 판간이 진공인 경우의 전계보다 강해진다.
③ 두 정전용량의 비 $\dfrac{C}{C_0}$는 유전체 종류에 따라 정해지는 상수이며 비유전율이라 부른다.

④ 유전체의 분극도(分極度)는 분극에 의하여 발생된 전하 밀도와 같다.

해설 비유전율(ϵ_s)과의 관계
- 전계 : $E = \dfrac{1}{\epsilon_s} E_0$ (전하량 일정)

  전하량 일정 : 전계 감소, 전속 밀도 불변
- 정전용량 : $C = \epsilon_s C_0$

  비유전율 : $\epsilon_s = \dfrac{C}{C_0}$ 진공일 때와 물질을 채웠을 때의 정전용량

【답】②

09 유전체에서 전자분극은 어떠한 이유에서 일어나는가?
① 단결정 매질에서 전자운과 핵의 상대적인 변위에 의한다.
② 화합물에서 +이온과 −이온 간의 상대적인 변위에 의한다.
③ 단결정에서 +이온과 −이온 간의 상대적인 변위에 의한다.
④ 영구전기쌍극자의 전계 방향의 배열에 의한다.

해설
- 전자분극 : 단결정 매질에서 전자운과 핵의 상대적인 변위에 의해 발생
- 이온분극 : 화합물에서 +이온과 −이온 간의 상대적인 변위에 의해 발생
- 배향분극 : 영구전기쌍극자의 전계 방향의 배열에 의해 발생

【답】①

10 유전체에서 분극의 세기의 단위는?
① [C]
② [C/m]
③ [C/m²]
④ [C/m³]

해설 분극의 세기

체적당 모멘트 $P = \lim\limits_{\triangle V \to 0} \dfrac{\triangle M}{\triangle V} = \dfrac{M}{V} [\text{C/m}^2] = \epsilon_0(\epsilon_s - 1)E = \left(1 - \dfrac{1}{\epsilon_s}\right) D [\text{C/m}^2]$

【답】③

11 ★★★★★
전계 E, 전속 밀도 D, 유전율 ϵ 사이의 관계를 옳게 표시한 것은?
① $P = D + \epsilon_0 E$
② $P = D - \epsilon_0 E$
③ $\epsilon_0 P = D + E$
④ $\epsilon_0 P = D - E$

해설 분극의 세기
$P = D - \epsilon_0 E = \epsilon_0 \epsilon_s E - \epsilon_0 E = \epsilon_0(\epsilon_s - 1)E [\text{C/m}^2]$

【답】②

12 비유전율 $\epsilon_r = 3$인 유전체 내의 한 점의 전장이 3×10^5 [V/m]일 때 이 점의 분극의 세기는 몇 [C/m²]인가?
① 1.77×10^{-6}
② 5.31×10^{-6}
③ 7.08×10^{-6}
④ 8.85×10^{-6}

해설 분극의 세기
$P = D - \epsilon_0 E = \epsilon_0 \epsilon_s E - \epsilon_0 E = \epsilon_0(\epsilon_s - 1)E [\text{C/m}^2]$
$\quad = 8.854 \times 10^{-12} \times (3-1) \times 3 \times 10^5 = 5.31 \times 10^{-6} [\text{C/m}^2]$

【답】②

13 그림과 같이 전속 밀도 $D = 1[\text{C/m}^2]$ 중에 $\epsilon_s = 5$인 유전체가 놓여 있어서 균일하게 분극이 생겼다면 분극의 세기 $P[\text{C/m}^2]$는?

① 0.3 ② 0.5
③ 0.8 ④ 1

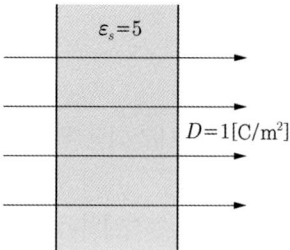

해설 분극의 세기

$$P = \epsilon_0(\epsilon_s - 1)E = \left(1 - \frac{1}{\epsilon_s}\right)D$$
$$= D\left(1 - \frac{1}{\epsilon_s}\right) = 1\left(1 - \frac{1}{5}\right) = 0.8[\text{C/m}^2]$$

【답】③

14 ★★★★★
패러데이관에 관한 설명으로 옳지 않은 것은?
① 패러데이관은 진전하가 없는 곳에서 연속적이다.
② 패러데이관의 밀도는 전속 밀도보다 크다.
③ 진전하가 없는 점에서는 패러데이관이 연속적이다.
④ 패러데이관 양단에 정, 부의 단위 전하가 있다.

해설 패러데이관(Faraday tube)
• 패러데이관 내의 전속수는 일정
• 패러데이관 양단에 정, 부의 단위 전하
• 진전하가 없는 점에서 패러데이관은 연속
• **패러데이관의 밀도 = 전속 밀도**

【답】②

15 패러데이관에서 전속선 수가 $5Q$개이면 패러데이관 수는?

① $\dfrac{Q}{\epsilon}$ ② $\dfrac{Q}{5}$ ③ $\dfrac{5}{Q}$ ④ $5Q$

해설 패러데이관(Faraday tube)
• 패러데이관 내의 전속수는 일정
• 패러데이관 양단에 정, 부의 단위 전하
• 진전하가 없는 점에서 패러데이관은 연속
• 패러데이관의 밀도 = 전속 밀도
따라서 전속선 수는 항상 패러데이관 수와 동일하므로 전속선 수가 $5Q$개이면 패러데이관의 수도 $5Q$개가 된다. 【답】④

16 두 종류의 유전율 ϵ_1, ϵ_2를 가진 유전체 경계면에 전하가 존재하지 않을 때 경계 조건이 아닌 것은?

① $\epsilon_1 E_1 \cos\theta_1 = \epsilon_2 E_2 \cos\theta_2$
② $\epsilon_1 E_1 \sin\theta_1 = \epsilon_2 E_2 \sin\theta_2$
③ $E_1 \sin\theta_1 = E_2 \sin\theta_2$
④ $\dfrac{\tan\theta_1}{\tan\theta_2} = \dfrac{\epsilon_1}{\epsilon_2}$

해설 경계 조건(경계면에 전하가 존재하지 않을 때)
- 전계의 접선 성분 : $E_1\sin\theta_1 = E_2\sin\theta_2$
- 전속 밀도의 법선 성분 : $D_1\cos\theta_1 = D_2\cos\theta_2$, $\epsilon_1 E_1\cos\theta_1 = \epsilon_2 E_2\cos\theta_2$
- 경계 조건 : $\dfrac{\tan\theta_1}{\tan\theta_2} = \dfrac{\epsilon_1}{\epsilon_2}$

【답】②

17 ***** 서로 다른 두 유전체 사이의 경계면에 전하 분포가 없다면 경계면 양쪽에서의 전계 및 전속 밀도는?
① 전계의 법선 성분 및 전속 밀도의 접선 성분은 서로 같다.
② 전계의 접선 성분 및 전속 밀도의 법선 성분은 서로 같다.
③ 전계 및 전속 밀도의 법선 성분은 서로 같다.
④ 전계 및 전속 밀도의 접선 성분은 서로 같다.

해설 유전체의 경계 조건
- 전계의 접선 성분이 연속 : $E_1\sin\theta_1 = E_2\sin\theta_2$
- 전속 밀도의 법선 성분이 연속 : $D_1\cos\theta_1 = D_2\cos\theta_2$
  $\epsilon_1 E_1\cos\theta_1 = \epsilon_2 E_2\cos\theta_2$
- 경계 조건 : $\dfrac{\tan\theta_1}{\tan\theta_2} = \dfrac{\epsilon_1}{\epsilon_2}$

【답】②

18 두 유전체 ①, ②가 유전율 $\epsilon_1 = 2\sqrt{3}\,\epsilon_0$, $\epsilon_2 = 2\epsilon_0$이며, 경계를 이루고 있을 때 그림과 같이 전계가 입사하여 굴절하였다면 ② 유전체 내의 전계의 세기[V/m]는?
① 100
② $100\sqrt{3}$
③ $100\sqrt{2}$
④ 98

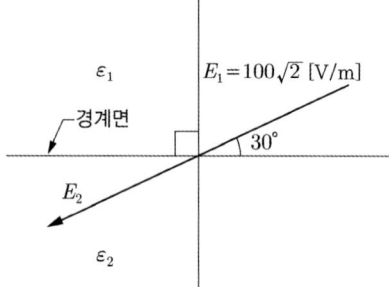

해설 완전경계 조건 : $\dfrac{\tan\theta_1}{\tan\theta_2} = \dfrac{\epsilon_1}{\epsilon_2} = \dfrac{2\sqrt{3}\,\epsilon_0}{2\epsilon_0} = \sqrt{3}$
$\tan\theta_2 = \dfrac{1}{\sqrt{3}}\tan\theta_1 = \dfrac{1}{\sqrt{3}}\tan 60° = \dfrac{1}{\sqrt{3}}\times\sqrt{3} = 1$ ∴ $\theta_2 = \tan^{-1}1 = 45°$
전계의 접선 성분이 연속 $E_1\sin\theta_1 = E_2\sin\theta_2$
∴ $E_2 = \dfrac{\sin\theta_1}{\sin\theta_2}E_1 = \dfrac{\sin 60°}{\sin 45°}\times 100\sqrt{2} = 100\sqrt{3}$ [V/m]

【답】②

19 ***** 두 종류의 유전체 경계면에서 전속과 전기력선이 경계면에 수직일 때 옳지 않은 것은?
① 전속과 전기력선은 굴절하지 않는다.
② 전속 밀도는 불변이다.
③ 전계의 세기는 불연속이다.
④ 전속선은 유전율이 작은 유전체 쪽으로 모이려는 성질이 있다.

해설 전계가 수직으로 입사($\theta = 0°$)
- $E = 0$: 전계의 세기는 불연속, 전기력선은 굴절하지 않는다.
- $D = D_1 = D_2$: 전속 밀도는 불변, 전속은 굴절하지 않는다.
- $\epsilon_1 > \epsilon_2$ 일 경우 $E_1 < E_2$, $D_1 > D_2$, $\theta_1 > \theta_2$
- 전속선은 유전율이 큰 유전체쪽으로 모이려는 성질이 있다.

【답】④

20 ★★★★★ 그림과 같이 유전체 ϵ_1이 ϵ_2를 포함하고 있을 때 유전속 분포에서 ϵ_1 속의 전속 밀도가 크다면 ϵ_1과 ϵ_2의 관계는?

① $\epsilon_1 = \epsilon_2$ ② $\epsilon_1 = 0$
③ $\epsilon_1 > \epsilon_2$ ④ $\epsilon_1 < \epsilon_2$

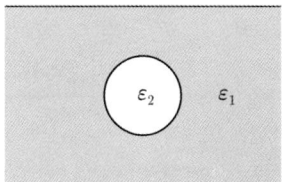

해설 $\epsilon_1 > \epsilon_2$일 경우 $E_1 < E_2$, $D_1 > D_2$, $\theta_1 > \theta_2$

【답】③

21 전계가 유리 E_1[V/m]에서 공기 E_2[V/m] 중으로 입사할 때 입사각 θ_1과 굴절각 θ_2 및 전계 E_1, E_2 사이의 관계 중 옳은 것은?

① $\theta_1 > \theta_2$, $E_1 > E_2$
② $\theta_1 < \theta_2$, $E_1 > E_2$
③ $\theta_1 > \theta_2$, $E_1 < E_2$
④ $\theta_1 < \theta_2$, $E_1 < E_2$

해설 유리의 비유전율이 공기보다 크므로
$\epsilon_1 > \epsilon_2$일 때 $\theta_1 > \theta_2$, $D_1 > D_2$, $E_1 < E_2$

【답】③

22 그림과 같이 면적이 S[m²]인 평행판 도체 사이에 두께가 각각 l_1[m], l_2[m], 유전율이 각각 ϵ_1[F/m], ϵ_2[F/m]인 두 종류의 유전체를 삽입하였을 때의 정전용량은?

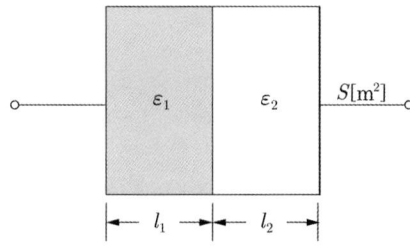

① $\dfrac{\epsilon_2 l_1 + \epsilon_1 l_2}{\epsilon_1 \epsilon_2} S$
② $\dfrac{\epsilon_1 + \epsilon_2 S}{l_1 + l_2}$
③ $\dfrac{\epsilon_1 \epsilon_2 S}{\epsilon_2 l_1 + \epsilon_1 l_2}$
④ $\dfrac{\epsilon_1 \epsilon_2 S}{l_1 + l_2}$

해설 유전율이 ϵ_1, ϵ_2인 전 유전체의 정전용량을 C_1, C_2라 하면
$C_1 = \dfrac{\epsilon_1 S}{l_1}$, $C_2 = \dfrac{\epsilon_2 S}{l_2}$ 이므로
간격이 변하는 경우는 직렬 연결로 해석하며 따라서 합성 정전용량은

$$\therefore C = \cfrac{1}{\cfrac{1}{C_1}+\cfrac{1}{C_2}} = \cfrac{C_1 C_2}{C_1+C_2} = \cfrac{\cfrac{\epsilon_1 S \epsilon_2 S}{l_1 l_2}}{\cfrac{\epsilon_1 S}{l_1}+\cfrac{\epsilon_2 S}{l_2}} = \cfrac{\epsilon_1 \epsilon_2 S}{\epsilon_2 l_1 + \epsilon_1 l_2} = \cfrac{S}{\cfrac{l_1}{\epsilon_1}+\cfrac{l_2}{\epsilon_2}}$$

【답】③

23 정전용량이 $C_0[\mu F]$인 평행판 공기 콘덴서가 있다. 지금 그림에서와 같이 판 면적의 $\dfrac{2}{3}$에 해당하는 부분의 공기 간격을 비유전율 ϵ_s인 에보나이트 판으로 채우면 이 콘덴서의 정전용량[μF]은?

① $\dfrac{3C_0}{1+\epsilon_0}$ ② $\dfrac{2\epsilon_s C_0}{3}$

③ $\dfrac{(1+2\epsilon_s)C_0}{3}$ ④ $\dfrac{(1+\epsilon_s)C_0}{3}$

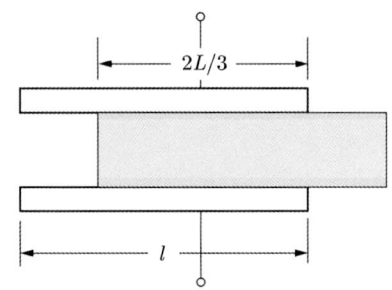

해설 면적의 변화가 발생하므로 병렬 연결이므로
- 공기 부분의 정전용량 $C_1 = \dfrac{1}{3}C_0$
- 에보나이트 판으로 채워진 부분의 정전용량 $C_2 = \dfrac{2}{3}\epsilon_s C_0$

C_1과 C_2는 병렬 접속이므로

$$\therefore C = C_1 + C_2 = \dfrac{1}{3}C_0 + \dfrac{2}{3}\epsilon_s C_0 = \dfrac{(1+2\epsilon_s)}{3}C_0[\mu F]$$

【답】③

24 정전용량이 1[μF]인 공기 콘덴서가 있다. 이 콘덴서 극판 간의 반인 두께를 갖고 비유전율 $\epsilon_s = 2$인 유전체를 콘덴서의 한 전극 면에 접촉하여 넣었을 때 전체의 정전용량[μF]은 얼마인가?

① $\dfrac{1}{2}$ ② 2

③ $\dfrac{4}{3}$ ④ 4

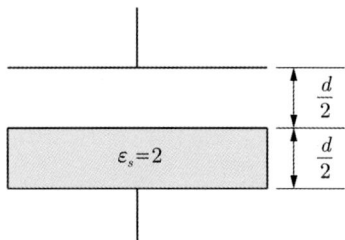

해설 공기 콘덴서에 극간 간격의 $\dfrac{1}{2}$ 두께에 물질 삽입할 때의 정전용량은

$$C = \dfrac{2C_0}{1+\dfrac{1}{\epsilon_s}} = \dfrac{2\times 1\times 10^{-6}}{1+\dfrac{1}{2}} = \dfrac{4}{3}\times 10^{-6}[F] = \dfrac{4}{3}[\mu F]$$

【답】③

25 ★★★★★
0.03[μF]인 평행판 공기 콘덴서의 극판간에 그 간격이 절반 두께에 비유전율 10인 유리판을 평행하게 넣었다면 이 콘덴서의 정전용량[μF]은?

① 1.83 ② 18.3
③ 0.055 ④ 0.55

해설

공기 콘덴서에 극간 간격의 $\frac{1}{2}$ 두께에 물질 삽입

$$C = \frac{2C_0}{1 + \frac{1}{\epsilon_s}} = \frac{2 \times 0.03 \times 10^{-6}}{1 + \frac{1}{10}} = 0.055[\mu F]$$

【답】③

26 ★★★★★

$z > 0$인 영역에는 비유전율 $\epsilon_{R1} = 2$인 유전체, $z < 0$인 영역에는 $\epsilon_{R2} = 4$인 유전체가 있으며 유전체 경계면에 전하가 없는 경우 $E_1 = 30a_x + 10a_y + 20a_z$ [V/m]일 때 ϵ_{R2}인 유전체 내에서 전계 E_2를 구하면? 단, a_x, a_y, a_z는 단위 벡터이다.

① $E_2 = 30a_x + 10a_y + 10a_z$ [V/m]
② $E_2 = 15a_x + 10a_y + 20a_z$ [V/m]
③ $E_2 = 30a_x + 5a_y + 10a_z$ [V/m]
④ $E_2 = 15a_x + 5a_y + 20a_z$ [V/m]

해설

경계조건에서 경계면은 법선성분이며 z축이 경계면이라면 x, y축은 접선성분이며 z축은 법선성분이므로 $D_{1z} = D_{2z}$
따라서 $D_{1z} = D_{2z}$, $E_{1x} = E_{2x}$, $E_{1y} = E_{2y}$이므로
$D_{1z} = D_{2z}$은 $\epsilon_1 E_{1z} = \epsilon_2 E_{2z}$
$E_{2z} = \frac{\epsilon_1}{\epsilon_2} E_{1z} = \frac{2}{4} \times 20 = 10$
$E_{1x} = E_{2x} = 30$, $E_{1y} = E_{2y} = 10$
따라서 $E_2 = E_{2x}i + E_{2y}j + E_{2z}k = 30i + 10j + 10k = 30a_x + 10a_y + 10a_z$

【답】①

27 극판의 면적이 4[cm²], 정전용량 1[pF]인 종이 콘덴서를 만들려고 한다. 비유전율 2.5, 두께 0.01[mm]의 종이를 사용하면 종이는 몇 장을 겹쳐야 되겠는가?

① 87
② 100
③ 250
④ 885

해설

평행판 콘덴서의 정전용량 $C = \frac{\epsilon S}{d} = \frac{\epsilon_0 \epsilon_s S}{d}$ 에서

두께 $d = \frac{\epsilon_0 \epsilon_s S}{C} = \frac{2.5 \times 8.85 \times 10^{-12} \times 4 \times 10^{-4}}{10^{-12}} = 8.85 \times 10^{-3}$ [m] $= 8.85$ [mm]이므로

종이로 0.01[mm]를 만들려면 ∴ $N = \frac{8.85}{0.01} = 885$[장]

【답】④

28 전계 E[V/m], 전속 밀도 D[C/m²], 유전율 ϵ[F/m]인 유전체 내에 저장되는 에너지 밀도[J/m³]는?

① ED
② $\frac{1}{2}ED$
③ $\frac{1}{2\epsilon}E^2$
④ $\frac{1}{2}\epsilon D^2$

해설

유전체 내에 저장되는 에너지 밀도
$w = \frac{1}{2}ED = \frac{1}{2}\epsilon E^2 = \frac{D^2}{2\epsilon}$ [J/m³]

【답】②

29 평판 콘덴서에 어떤 유전체를 넣었을 때 전속 밀도가 2.4×10^{-7} [C/m²]이고 단위 체적 중의 에너지가 5.3×10^{-3} [J/m³]이었다. 이 유전체의 유전율은 몇 [F/m]인가?

① 2.17×10^{-11}
② 5.43×10^{-11}
③ 2.17×10^{-12}
④ 5.43×10^{-12}

해설 유전체 내에 저장되는 에너지 밀도
$$w = \frac{ED}{2} = \frac{1}{2}\epsilon E^2 = \frac{D^2}{2\epsilon} [J/m^3]$$
따라서 유전율 $\epsilon = \frac{D^2}{2w} = \frac{(2.4 \times 10^{-7})^2}{2 \times 5.3 \times 10^{-3}} = 5.43 \times 10^{-12}$ [F/m]

【답】 ④

30 전기석과 같은 결정체를 냉각시키거나 가열시키면 전기분극이 일어난다. 이와 같은 것을 무엇이라 하는가?

① 압전기 현상(Piezoelectric phenomena)
② Pyro 전기(Pyro electricity)
③ 톰슨 효과(Thomson effect)
④ 강유전성(ferroelectric effect)

해설 Pyro 전기(Pyro electricity) : 열을 가하면 전기 분극이 발생

【답】 ②

31 다음 중 압전 효과를 이용한 것이 아닌 것은?

① 수정 발진기
② crystal pick-up
③ 초음파 발생기
④ 자속계

해설 압전 효과 : 압력을 가하면 분극이 발생하여 전위차가 발생
　　　　수정, 전기석, 로셸염 등
압전 효과 이용 : 수정 발진기, crystal pick-up(발진회로), 초음파 발생기 등

【답】 ④

32 압전기 현상에서 분극이 동일 방향으로 발생할 때를 무슨 효과라 하는가?

① 직접 효과
② 역효과
③ 종효과
④ 횡효과

해설 압전 현상 : 압력을 가하면 분극이 발생
• 응력과 분극이 동일 방향으로 발생할 때 : 종효과
• 응력과 분극이 수직 방향으로 발생할 때 : 횡효과

【답】 ③

CHAPTER 05 전기영상법

전기 영상법(electric image method) · 평면 도체와 점전하와의 영상법 · 선전하와의 영상력 · 접지 도체구

전기 영상법(electric image method)

전기 영상법은 도체의 전하 분포 및 경계 조건을 바꾸지 않고 가상의 전하를 가정하여 간단하게 전계를 해석하는 방법을 말한다. 이러한 전기 영상법은 다음과 같은 경우에 사용하게 된다.

① 도체 평면 S와 점전하 q가 대립되어 있을 때의 문제를 점전하 $+q$와 영상 전하 $-q$가 대립되어 있는 문제로 해석한다.
② $+q$, $-q$인 점전하가 대립되어 있을 때의 문제를 점전하 $+q$와 도체 평면 S가 대립되어 있을 때의 문제로 풀 수 있다.
③ 영상 전하는 크기는 같고 부호는 반대인 전하를 가정한다.

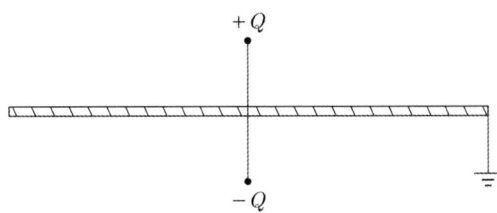

평면 도체와 점전하와의 영상법

오른쪽 그림과 같이 평면 도체에서 거리 $d[\mathrm{m}]$ 떨어진 경우의 점전하 $Q[\mathrm{C}]$와의 관계는 다음과 같다.

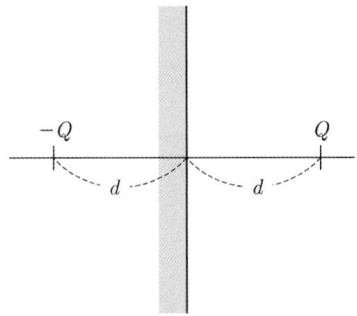

① 영상 전하와 평면 도체와의 거리

영상 전하는 평면 도체에서 거리 $d[\mathrm{m}]$ 떨어진 지점의 $-Q[\mathrm{C}]$이다.

2 쿨롱의 힘(영상력)

영상력 $F = \dfrac{Q_1 Q_2}{4\pi\epsilon_0 r^2} = \dfrac{Q \cdot (-Q)}{4\pi\epsilon_0 (2d)^2} = \dfrac{-Q^2}{16\pi\epsilon_0 d^2}$ [N]

여기서 (−)는 흡인력이다.

3 일

$$W = \int_d^\infty F\, dr$$
$$= \int_d^\infty \dfrac{Q^2}{16\pi\epsilon_0} \dfrac{1}{d^2} dr = \dfrac{Q^2}{16\pi\epsilon_0} \left[-\dfrac{1}{d} \right]_d^\infty$$
$$= \dfrac{Q^2}{16\pi\epsilon_0 d}\ [J]$$

4 면밀도

무한 평면 도체 표면에 유도되는 면밀도 $\sigma = -\dfrac{aQ}{2\pi(a^2+y^2)^{3/2}}$ [C/m²]

따라서 면밀도의 최대인 점은 다음과 같다.

$$\sigma_{\max} = [\sigma]_{y=0} = -\dfrac{Q}{2\pi a^2}\ [\text{C/m}^2]$$

예) 그림과 같은 직교 도체 평면상 P점에 Q[C]의 전하가 있을 때 P'점의 영상 전하는?

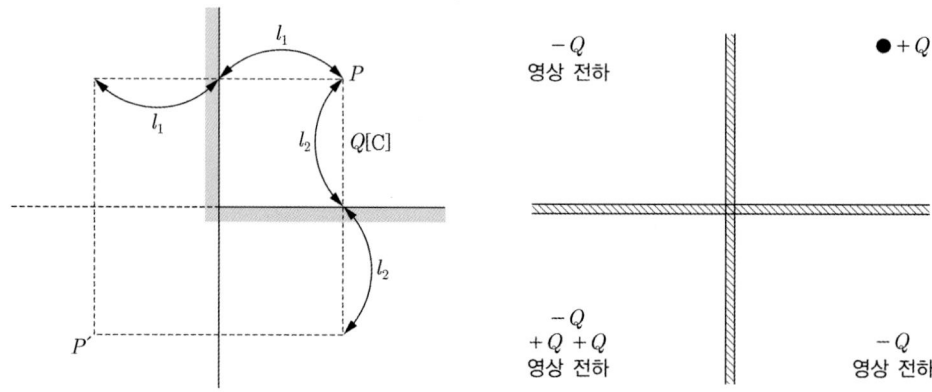

따라서 영상 전하는 3개이다.

선전하와의 영상력

오른쪽 그림과 같이 지상의 높이 h[m]와 같은 거리에 선전하 밀도 $-\lambda$[C/m]인 영상 전하를 고려하면 다음과 같다.

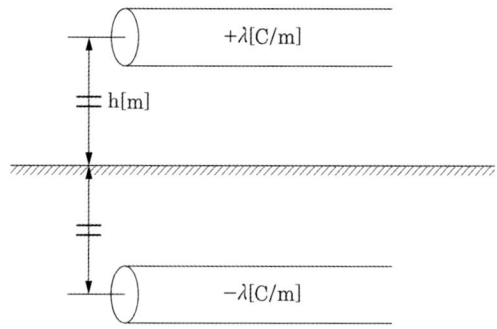

1 전계의 세기

$$E = \frac{\lambda}{2\pi\epsilon_o(2h)} = \frac{\lambda}{4\pi\epsilon_0 h}$$

2 선전하 간의 영상력

$$f = -\lambda E = -\lambda \cdot \frac{\lambda}{4\pi\epsilon_0 h} = \frac{-\lambda^2}{4\pi\epsilon_0 h} = -9 \times 10^9 \times \frac{\lambda^2}{h} \,[\text{N/m}]$$

따라서 선전하와의 영상력은 거리에 반비례하게 된다.

접지 도체구

그림과 같이 반지름 a[m]인 접지 도체구의 중심으로부터 거리 d[m]만큼 떨어진 지점에 점전하 Q[C]가 존재하는 경우는 다음과 같이 해석한다.

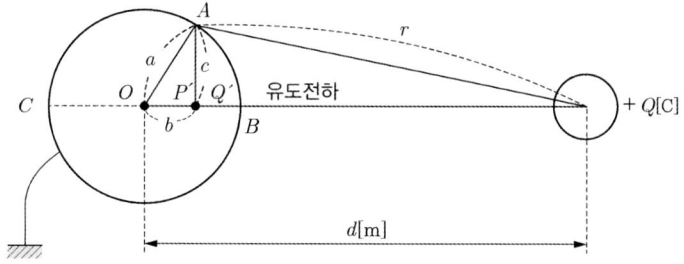

접지 도체구에 유도되는 유도전하를 Q'[C]이라 하면

A 점의 전위는 $V_A = \dfrac{1}{4\pi\epsilon_0}\left(\dfrac{Q}{r} + \dfrac{Q'}{c}\right) = 0$

B 점의 전위는 $V_B = \dfrac{1}{4\pi\epsilon_0}\left(\dfrac{Q}{d-a} + \dfrac{Q'}{a-b}\right) = 0$

C 점의 전위는 $V_C = \dfrac{1}{4\pi\epsilon_0}\left(\dfrac{Q}{d+a} + \dfrac{Q'}{a+b}\right) = 0$

1 영상 전하의 위치

$$\frac{a-b}{d-a}=\frac{a+b}{d+a} \to b=\frac{a^2}{d}\,[m]$$

2 영상 전하 크기

$$\frac{a+b}{d+a}=-\frac{Q'}{Q} \to Q'=-\frac{a}{d}Q$$

3 점전하 Q와 유도전하 Q' 간의 작용하는 힘

$$F=\frac{Q(-\frac{a}{d}Q)}{4\pi\epsilon_0(d-\frac{a}{d})^2}=-\frac{adQ^2}{4\pi\epsilon_0(d^2-a^2)^2}\,[N]$$

따라서 접지 도체구에 유도되는 전하와 점전하는 항상 흡인력이 발생한다.

이론 요약

1. 영상전하

① 전하 + Q의 영상전하 : −Q[C](대칭점에 존재)

② 영상전하와의 힘 : $F=-\dfrac{Q^2}{16\pi\epsilon_0 a^2}\,[N]$

③ 일 : $W=\dfrac{Q^2}{16\pi\epsilon_0 a}\,[J]$

2. 선전하와 무한평면

$$f=-\lambda E=-\frac{\lambda^2}{4\pi\epsilon_o h}\propto \frac{1}{h}\,[N/m] : 높이에 반비례$$

3. 접지도체구

① 위치 : $b=\dfrac{a^2}{d}$

② 크기 : $Q'=-\dfrac{a}{d}Q$

③ 힘 : $F=-\dfrac{adQ^2}{4\pi\epsilon_0(d^2-a^2)^2}\,[N]$: 항상 흡인력

CHAPTER 05 필수 기출문제

꼭! 나오는 문제만 간추린

01 ★★★★★
점전하 Q[C]에 의한 무한 평면 도체의 영상 전하는?
① $-Q$[C]보다 작다.
② Q[C]보다 크다.
③ $-Q$[C]과 같다.
④ Q[C]과 같다.

해설 무한 평면 도체의 영상 전하는 $-Q$[C]이고 거리는 같다.

【답】③

02 ★★★★★
평면 도체로부터 수직 거리 a[m]인 곳에 점전하 Q[C]이 있다. Q와 평면 도체 사이에 작용하는 힘은 몇 [N]인가? 단, 평면 도체 오른편을 유전율 ϵ의 공간이라 한다.

① $-\dfrac{Q^2}{16\pi\epsilon a^2}$
② $-\dfrac{Q^2}{8\pi\epsilon a^2}$
③ $-\dfrac{Q^2}{4\pi\epsilon a^2}$
④ $-\dfrac{Q^2}{2\pi\epsilon a^2}$

해설 영상법을 이용하여 오른쪽 그림과 같은 형태로 바꾸어 생각하면
영상력 $F = \dfrac{Q_1 Q_2}{4\pi\epsilon_0 r^2} = \dfrac{Q \cdot (-Q)}{4\pi\epsilon_0 (2a)^2} = \dfrac{-Q^2}{16\pi\epsilon_0 a^2}$ [N]
여기서 (−)는 흡인력이다.

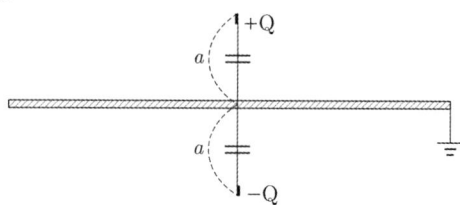

【답】①

03
평면 도체 표면에서 d[m]의 거리에 점전하 Q[C]가 있을 때 이 전하를 무한원까지 운반하는 데 요하는 일[J]을 구하면?

① $\dfrac{Q^2}{4\pi\epsilon_0 d}$
② $\dfrac{Q^2}{8\pi\epsilon_0 d}$
③ $\dfrac{Q^2}{16\pi\epsilon_0 d}$
④ $\dfrac{Q^2}{32\pi\epsilon_0 d}$

해설 영상력 $F = \dfrac{Q_1 Q_2}{4\pi\epsilon_0 r^2} = \dfrac{Q \cdot (-Q)}{4\pi\epsilon_0 (2d)^2} = \dfrac{-Q^2}{16\pi\epsilon_0 d^2}$ [N]
여기서 (−)는 흡인력이다.
일 $W = \displaystyle\int_d^\infty F\, dr$
$= \displaystyle\int_d^\infty \dfrac{Q^2}{16\pi\epsilon_0} \dfrac{1}{d^2}\, dr = \dfrac{Q^2}{16\pi\epsilon_0} \left[-\dfrac{1}{d}\right]_d^\infty = \dfrac{Q^2}{16\pi\epsilon_0 d}$ [J]

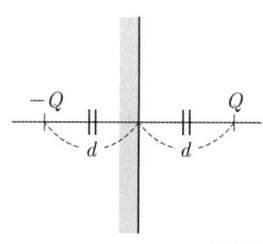

【답】③

05 전기영상법

04
대지면에 높이 h[m]로 평행 가설된 매우 긴 선전하(선전하 밀도 λ[C/m])가 지면으로부터 받는 힘[N/m]은?

① h에 비례한다.
② h에 반비례한다.
③ h^2에 비례한다.
④ h^2에 반비례한다.

해설 지상의 높이 h[m]와 같은 거리에 선전하 밀도 $-\lambda$[C/m]인 영상 전하를 고려하면

전계의 세기 $E = \dfrac{\lambda}{2\pi\epsilon_o (2h)} = \dfrac{\lambda}{4\pi\epsilon_0 h}$

선전하간의 영상력 $f = -\lambda E = -\lambda \cdot \dfrac{\lambda}{4\pi\epsilon_0 h} = \dfrac{-\lambda^2}{4\pi\epsilon_0 h} \propto \dfrac{1}{h}$

【답】②

05
무한 평면 도체로부터 거리 a[m]인 곳에 점전하 Q[C]이 있을 때 이 무한 평면 도체 표면에 유도되는 면밀도가 최대인 점의 전하 밀도는 몇 [C/m²]인가?

① $-\dfrac{Q}{2\pi a^2}$
② $-\dfrac{Q^2}{4\pi a}$
③ $-\dfrac{Q}{\pi a^2}$
④ 0

해설 무한 평면 도체 표면에 유도되는 면밀도 $\sigma = -\dfrac{aQ}{2\pi(a^2+y^2)^{3/2}}$ [C/m²]

면밀도의 최대인 점은 $\therefore \sigma_{\max} = [\sigma]_{y=0} = -\dfrac{Q}{2\pi a^2}$ [C/m²]

【답】①

06
반지름 a[m]인 접지 도체구 중심으로부터 d[m] ($>a$)인 곳에 점전하 Q[C]가 있으면 구도체에 유기되는 전하량[C]은?

① $-\dfrac{a}{d}Q$
② $\dfrac{a}{d}Q$
③ $-\dfrac{d}{a}Q$
④ $\dfrac{d}{a}Q$

해설 접지도체구

- 위치 : $x = +\dfrac{a^2}{d}$
- 크기 : $Q' = -\dfrac{a}{d}Q$
- 영상력 : $F = -\dfrac{adQ^2}{4\pi\epsilon_0(d^2-a^2)^2}$

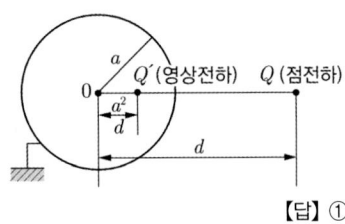

【답】①

07
반지름 a인 접지 구형 도체와 점전하가 유전율 ϵ인 공간에서 각각 원점과 (d, 0, 0)인 점에 있다. 구형 도체를 제외한 공간의 전계를 구할 수 있도록 구형 도체를 영상 전하로 대치할 때의 영상 점전하의 위치는? 단, $d > a$이다.

① $\left(-\dfrac{a^2}{d}, 0, 0\right)$
② $\left(+\dfrac{a^2}{d}, 0, 0\right)$
③ $\left(0, +\dfrac{a^2}{d}, 0\right)$
④ $\left(+\dfrac{d^2}{4a}, 0, 0\right)$

| 해설 | 접지도체구와 영상 전하
- 위치 : $x = +\dfrac{a^2}{d}$ $\left(+\dfrac{a^2}{d},\ 0,\ 0\right)$
- 크기 : $Q' = -\dfrac{a}{d}Q = -\dfrac{a}{r}Q$ 【답】②

08 접지 구도체와 점전하간의 작용력은?
① 항상 반발력이다. ② 항상 흡인력이다.
③ 조건적 반발력이다. ④ 조건적 흡인력이다.

| 해설 | 접지도체구에 유도되는 전하는 $Q' = -\dfrac{a}{d}Q$ 이므로

영상력은 $F = \dfrac{Q(-\dfrac{a}{d}Q)}{4\pi\epsilon_0(d-\dfrac{a}{d})^2} = -\dfrac{adQ^2}{4\pi\epsilon_0(d^2-a^2)^2}$ [N] 따라서 영상력은 항상 (-) 흡인력이다. 【답】②

09 직교하는 도체평면과 점전하 사이에는 몇 개의 영상 전하가 존재하는가?
① 2 ② 3
③ 4 ④ 5

| 해설 |

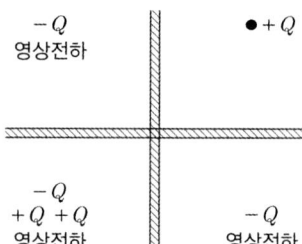

따라서 영상 전하는 3개이다.

■ 기본 풀이

영상 전하 개수는 $n = \dfrac{360°}{\theta} - 1$(개)

직교이면 $\theta = 90°$ 이므로

$\therefore n = \dfrac{360°}{90°} - 1 = 3$(개)이다. 【답】②

CHAPTER 06 전류

전류(Current)·전류의 연속성·키르히호프의 전류 법칙·저항(Resistance)·옴의 법칙의 미분형·저항의 온도계수·접지저항과 정전용량·열전현상

전류(Current)

전류의 정의는 회로의 어느 단면을 시간 t[sec] 사이에 통과하는 전기량을 나타내며 표기는 직류의 경우 I, 교류의 경우(시간에 따라 전류가 변하는 경우) i로 표기한다.
전류의 단위로는 [A], 암페어(ampere)를 사용한다.
여기서, 전류를 직류와 교류로 나누어서 보면 다음과 같다.

- 직류 : $I = \dfrac{Q}{t}$[A], [C/sec], $Q = I \cdot t$[C], [A·sec]

- 교류 : $i = \dfrac{dq}{dt}$[A], $q = \int i \; dt$[C]

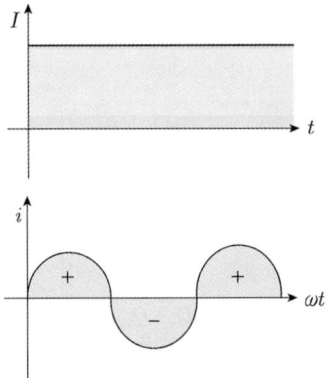

전류 밀도는 면적당의 전류를 나타내며 다음의 식으로 나타낸다.
$i = \dfrac{I}{S} = nev$[A/m²]

여기서, n : 전자 개수
e : 전자 1개의 전기량 = 1.602×10^{-19}[C]
v : 전자의 이동속도 [m/sec]

전류의 연속성

전류의 연속성은 오른쪽 그림에서 나타나듯 들어온 전류와 나간 전류가 동일하며 중간에 발산은 없다는 것으로 정의된다.
입력 전류를 $I_{in} = \int_s i \; dS$[A]로 하고

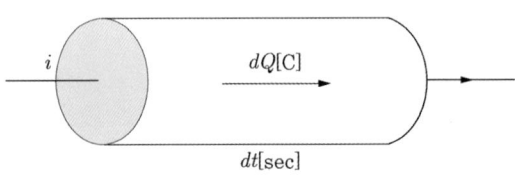

출력 전류를 $I_{out} = -\dfrac{dQ}{dt} = -\dfrac{d}{dt}\int_v \rho\, dv$ 　　여기서, $Q = \int_v \rho\, dv$

$$= -\int_v \dfrac{\partial \rho}{\partial t} dv 로 하면$$

여기서, 입력 전류와 출력 전류가 동일하다면 다음과 같이 나타낼 수 있다.
$I_{in} = I_{out}$

$$\int_s i\, dS = -\int_s \dfrac{\partial \rho}{\partial t} dv$$

위의 식에 발산의 정리를 적용하여 정리하면 다음과 같다.

$$\int_v div\, i\, dv = -\int_v \dfrac{\partial \rho}{\partial t} dv$$

$\therefore\ div\ i = -\dfrac{\partial \rho}{\partial t}$

따라서 정상 전류가 흐른다면($\dfrac{\partial \rho}{\partial t} = 0$)

$\therefore\ div\ i = 0$으로 나타내며 이를 전류의 연속성이라 부른다.

키르히호프의 전류 법칙

키르히호프의 법칙은 회로의 선형, 비선형, 시변, 시불변에 관계없이 성립되며 전류 법칙과 전압 법칙으로 나눈다.
여기서 키르히호프의 전류 법칙(K. C. L, Kirchhoff's Current Law)을 정리하면 다음과 같다.
① 회로의 마디에 전하가 축적될 수 없다는 물리적 현상의 수학적 표현
② 마디에 유입되는 모든 전류의 대수합 = 마디에서 유출되는 모든 전류의 대수합
③ $\sum i\ (유출전류) = \sum i\ (유입전류)$
④ $\sum\limits_{n=1}^{N} i_n = 0$

　여기서, $I_1 + I_2 - I_3 = 0$에서
　$I_3 = I_1 + I_2$

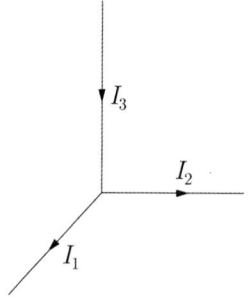

저항(Resistance)

그림에서와 같이 도선의 길이를 $l[m]$, 도선의 단면적을 $S[m^2]$이라 하면 도선의 저항은 다음과 같이 나타낼 수 있다.

$$R = \rho \frac{l}{S} [\Omega]$$

여기서, S : 단면적[m²], l : 길이[m]
ρ : 고유저항[$\Omega \cdot$m]

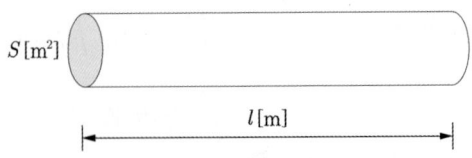

옴의 법칙의 미분형

옴의 법칙을 미분형으로 표시하면 다음과 같다.

기본 저항 식 $R = \rho \frac{l}{S}$ 에서 미분하면 $dR = \rho \frac{dl}{dS}$ 로 계산되며,

전류와 전압의 관계식 $R = \frac{V}{I}$ 에서 미분하면 $dR = \frac{dV}{dI}$ 로 계산된다.

따라서 옴의 법칙의 미분형은 다음과 같이 나타낼 수 있다.

$\rho \frac{d\ell}{dS} = \frac{dV}{dI}$ 에서

$\frac{dV}{d\ell} = \rho \frac{dI}{dS}$

$E = \rho i$

$\therefore i = \frac{1}{\rho} E = kE$

여기서, $k = \frac{1}{\rho}$ 는 도전율

옴의 법칙의 미분형은 전류의 크기는 도전율에 비례한다는 것으로 나타낼 수 있다.

저항의 온도계수

일반적인 도체에서는 온도가 상승하면 저항이 증가되며 이것을 저항 온도계수가 (+)라고 하며 반도체에서처럼 온도가 상승하면 저항이 감소되는 것을 저항 온도계수가 (-)라고 한다.

보통의 경우 0[℃]에서의 저항 온도계수는 $\alpha_0 = \frac{1}{234.5}$ 라 한다.

그러므로 t[℃]에서의 저항의 온도계수는

$$\alpha_t = \frac{1}{234.5 + t} = \frac{\frac{1}{234.5}}{1 + \frac{1}{234.5}t} = \frac{\alpha_0}{1 + \alpha_0 t}$$ 로 된다.

또한 저항이 직렬 연결된 경우의 합성저항 온도계수는 다음과 같다.

$$\alpha = \frac{R_1 \alpha_1 + R_2 \alpha_2}{R_1 + R_2}$$

도체에서의 온도가 상승함에 따른 저항값의 변화는 다음과 같다.

① 0[℃] → t[℃]로 온도가 상승하는 경우의 저항값

0[℃]에서의 저항값을 $R_0[\Omega]$, t[℃]에서의 저항값을 $R_t[\Omega]$라고 하면
$R_t = R_0(1+\alpha_0 t)[\Omega]$가 된다.

② t[℃] → T[℃]로 온도가 상승하는 경우의 저항값

t[℃]에서의 저항값을 $R_t[\Omega]$, T[℃]에서의 저항값을 $R_T[\Omega]$라고 하면
$R_T = R_t\{1+\alpha_t(T-t)\}[\Omega]$가 된다.

접지저항과 정전용량

① 접지저항을 구하기 위하여 대지와의 정전용량을 이용하면

$$RC = \rho\frac{l}{S} \times \frac{\epsilon S}{d} \quad \text{여기서, } l=d\text{라면}$$

$$RC = \rho\epsilon = \frac{\epsilon}{k} \quad \therefore RC = \rho\epsilon$$

따라서 접지저항은 $R = \dfrac{\rho\epsilon}{C}[\Omega]$이 된다.

② 누설전류는 접지저항을 이용하여 계산하며

$$I_\ell = \frac{V}{R} = \frac{V}{\frac{\rho\epsilon}{C}} = \frac{CV}{\rho\epsilon}[\text{A}]\text{가 된다.}$$

열전현상

열전현상에는 제벡 효과, 펠티에 효과, 톰슨 효과가 있다.

① 제벡 효과(Seebeck Effect)

두 종류의 금속을 접합하여 폐회로를 만들고 두 접합점 사이에 온도차가 발생되면 열기전력이 생겨서 전류가 흐르는 현상으로 이때, 두 종류의 금속을 열전대라 하며 보통의 경우는 구리-콘스탄탄 조합을 사용하며 매우 높은 온도에서는 백금-백금로듐의 조합을 사용한다.

② 펠티에 효과(Peltier Effect)

두 종류의 금속을 접합하여 폐회로를 만들고 두 접합점 사이에 전류를 흘리면 접합점에서 열이 흡수 또는 발생되는 현상으로 제벡의 역효과이며 전자냉동의 원리로 사용된다.

③ 톰슨 효과(Thomson Effect)

동일 금속을 접합하여 폐회로를 만들고 두 접합점 사이에 전류를 흘리면 접합점에서 열이 흡수 또는 발생되는 현상이다.

이론 요약

1. 전류

① 전류 $I = \dfrac{Q}{t} = \dfrac{ne}{t}$

여기서, n은 전자의 개수, e는 전자 1개의 전하량으로 $e = -1.602 \times 10^{-19}$[C]

② 전류의 연속성 : $div\, i = 0$

③ 옴의 법칙의 미분형 : $i = \dfrac{1}{\rho}E = kE$ (전류는 도전율에 비례)

2. 접지저항과 누설전류

① 접지저항 $R = \dfrac{\rho\epsilon}{C}$ [Ω]

반구형 접지극 : $R = \dfrac{\rho}{2\pi a}$ [Ω]

② 누설전류 : $I = \dfrac{V}{R} = \dfrac{V}{\dfrac{\rho\epsilon}{C}} = \dfrac{CV}{\rho\epsilon}$

3. 저항

$R = \rho\dfrac{\ell}{S}$ [Ω] : 길이에 비례하고 단면적에 반비례

4. 저항온도계수

① 도체 : 온도가 상승하면 저항이 증가, 저항온도계수가 (+)

반도체 : 온도가 상승하면 저항이 감소, 저항온도계수가 (−)

② 저항이 직렬 연결된 경우의 합성 저항온도계수

$\alpha = \dfrac{R_1\alpha_1 + R_2\alpha_2}{R_1 + R_2}$

5. 열전현상

① 제벡 효과(Seebeck Effect) : 두 종류의 금속을 접합하여 폐회로를 만들고 두 접합점 사이에 온도차가 발생되면 열기전력이 생겨서 전류가 흐르는 현상

② 펠티에 효과(Peltier Effect) : 두 종류의 금속을 접합하여 폐회로를 만들고 두 접합점 사이에 전류를 흘리면 접합점에서 열의 흡수 또는 발생되는 현상, 전자냉동의 원리

③ 톰슨 효과(Thomson Effect) : 동일 금속을 접합하여 폐회로를 만들고 두 접합점 사이에 전류를 흘리면 접합점에서 열의 흡수 또는 발생되는 현상

CHAPTER 06 필수 기출문제

꼭! 나오는 문제만 간추린

01 공간 도체 중의 정상 전류 밀도가 i, 전하 밀도가 ρ일 때, 키르히호프의 전류 법칙을 나타내는 것은?

① $i = \dfrac{\partial \rho}{\partial t}$ 　　② div $i = 0$

③ $i = 0$ 　　④ div $i = -\dfrac{\partial \rho}{\partial t}$

해설 키르히호프의 전류 법칙
회로에서의 해법 : $\sum I = 0$
자기학에서의 해법 : div $i = 0$, 단위 체적당의 전류의 발산은 없다(전류의 연속성).　【답】②

02 금속 도체의 전기 저항은 일반적으로 어떤 관계가 있는가?
① 온도의 상승에 따라 증가한다.
② 온도의 상승에 따라 감소한다.
③ 온도에 관계없이 일정하다.
④ 저항에서는 온도의 상승에 따라 증가하고, 고온에서는 온도의 상승에 따라 감소한다.

해설 도체 : 온도가 상승하면 저항이 커진다(온도계수(+)).
반도체 : 온도가 상승하면 저항이 적어진다(온도계수((−)).　【답】①

03 저항 10[Ω]인 구리선과 30[Ω]의 망간선을 직렬 접속하면 합성 저항 온도 계수는 몇 [%]인가? 단, 동선의 저항 온도 계수는 0.4[%], 망간선은 0이다.
① 0.1　　② 0.2
③ 0.3　　④ 0.4

해설 합성 저항온도계수
$\alpha = \dfrac{R_1 \alpha_1 + R_2 \alpha_2}{R_1 + R_2} = \dfrac{10 \times 0.4 + 30 \times 0}{10 + 30} = 0.1 [\%]$　【답】①

04 ★★★★★
정격 120[V] 30[W]와 120[V] 60[W]인 백열전구 2개를 직렬로 연결하여 210[V]의 전압을 가하면 전구의 밝기는 어떻게 되는가? 단, 전구의 밝기는 소비 전력에 비례하는 것으로 한다.
① 60[W] 전구가 30[W] 전구보다 밝아진다.　② 30[W] 전구가 60[W] 전구보다 밝아진다.
③ 둘 다 밝기에 변함이 없다.　④ 둘 다 같이 어두워진다.

해설 30[W] 전구의 저항 $R_{30} = \dfrac{V^2}{P} = \dfrac{120^2}{30} = 480[\Omega]$

60[W] 전구의 저항 $R_{60} = \dfrac{V^2}{P} = \dfrac{120^2}{60} = 240[\Omega]$

두 개의 전구를 직렬로 연결하면
소비전력은 전류가 일정하므로 $P=I^2R \propto R$이므로
30[W] 전구의 저항이 크므로 소비전력도 크고 더 밝다.

【답】②

05 ★★★★★
두 종류의 금속으로 된 회로에 전류를 통하면 각 접속점에서 열의 흡수 또는 발생이 일어나는 현상은?
① 톰슨 효과　　　　　　　　　　② 제베크 효과
③ 볼타 효과　　　　　　　　　　④ 펠티에 효과

해설 열전현상
① 제어벡 효과 : 두 종류의 금속을 접합하여 폐회로를 만들고 두 접합점 사이에 온도차를 주면 열기전력이 생겨서 전류가 흐르는 현상
② 펠티에 효과 : 두 종류의 금속을 접합하여 폐회로를 만들고 두 접합점 사이에 전류를 흘리면 접합점에서 열의 흡수 또는 발생되는 현상
　• 전자냉동의 원리
③ 톰슨 효과 : 동일 금속을 접합하여 폐회로를 만들고 두 접합점 사이에 전류를 흘리면 접합점에서 열의 흡수 또는 발생되는 현상
　• 동일금속의 펠티에 효과

【답】④

06 ★★★★★
다른 종류의 금속선으로 된 폐회로의 두 접합 점의 온도를 달리하였을 때 전기가 발생하는 효과는?
① 톰슨 효과　　　　　　　　　　② 핀치 효과
③ 펠티에 효과　　　　　　　　　④ 제베크 효과

해설 열전현상
① 제벡 효과 : 두 종류의 금속을 접합하여 폐회로를 만들고 두 접합점 사이에 온도차를 주면 열기전력이 생겨서 전류가 흐르는 현상
② 펠티에 효과 : 두 종류의 금속을 접합하여 폐회로를 만들고 두 접합점 사이에 전류를 흘리면 접합점에서 열의 흡수 또는 발생되는 현상
　• 전자냉동의 원리
③ 톰슨 효과 : 동일 금속을 접합하여 폐회로를 만들고 두 접합점 사이에 전류를 흘리면 접합점에서 열의 흡수 또는 발생되는 현상
　• 동일 금속의 펠티에 효과

【답】④

07 균질의 철사에 온도 구배가 있을 때 여기에 전류가 흐르면 열의 흡수 또는 발생을 수반하는데, 이 현상은?
① 톰슨 효과　　　　　　　　　　② 핀치 효과
③ 펠티에 효과　　　　　　　　　④ 제베크 효과

해설 열전현상
① 제벡 효과 : 두 종류의 금속의 접합하여 폐회로를 만들고 두 접합점 사이에 온도차를 주면 열기전력이 생겨서 전류가 흐르는 현상
② 펠티에 효과 : 두 종류의 금속의 접합하여 폐회로를 만들고 두 접합점 사이에 전류를 흘리면 접합점에서 열의 흡수 또는 발생되는 현상
　• 전자냉동의 원리
③ **톰슨 효과** : 동일 금속의 접합하여 폐회로를 만들고 두 접합점 사이에 전류를 흘리면 접합점에서 열의 흡수 또는 발생되는 현상
　• 동일 금속의 펠티에 효과

【답】①

08 그림과 같이 면적 $S[\text{m}^2]$, 간격 $d[\text{m}]$인 극판간에 유전율 ϵ, 저항률이 ρ인 매질을 채웠을 때 극판간의 정전용량과 저항의 관계는? 단, 전극판의 저항률은 매우 작은 것으로 한다.

① $R = \dfrac{\epsilon\rho}{C}$ ② $R = \dfrac{C}{\epsilon\rho}$

③ $R = \epsilon\rho C$ ④ $R = \dfrac{1}{\epsilon\rho C}$

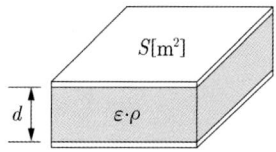

해설 $R = \rho\dfrac{l}{S},\ c = \dfrac{\epsilon S}{d}$ 에서 여기서, $d \fallingdotseq l$ 이라면
$RC = \rho\epsilon$
저항 $R = \dfrac{\rho\epsilon}{C}[\Omega]$

【답】①

09 ★★★★★ 액체 유전체를 넣은 콘덴서의 용량이 20[μF]이다. 여기에 500[kV]의 전압을 가하면 누설전류[A]는? 단, 비유전율 $\epsilon_s = 2.2$, 고유저항 $\rho = 10^{11}[\Omega \cdot \text{m}]$이다.

① 4.2 ② 5.13
③ 54.5 ④ 61

해설 $RC = \rho\epsilon$ 에서 $R = \dfrac{\rho\epsilon}{C}$

누설전류 $I = \dfrac{V}{R} = \dfrac{V}{\dfrac{\rho\epsilon}{C}} = \dfrac{CV}{\rho\epsilon} = \dfrac{20 \times 10^{-6} \times 500 \times 10^3}{10^{11} \times 8.855 \times 10^{-12} \times 2.2} = 5.13[\text{A}]$

【답】②

10 ★★★★★ 그림에 표시한 반구형 도체를 전극으로 한 경우의 접지 저항은? 단, ρ는 대지의 고유 저항이며, 전극의 고유 저항에 비해 매우 크다.

① $4\pi a\rho$ ② $\dfrac{\rho}{4\pi a}$

③ $\dfrac{\rho}{2\pi a}$ ④ $2\pi a\rho$

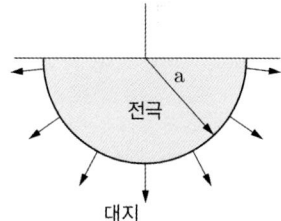

해설 $RC = \rho\epsilon$ 에서
반구의 정전용량 $C = \dfrac{4\pi\epsilon a}{2} = 2\pi\epsilon a$ 이므로
∴ $R = \dfrac{\rho\epsilon}{C} = \dfrac{\rho\epsilon}{2\pi\epsilon a} = \dfrac{\rho}{2\pi a}[\Omega]$

【답】③

11 반지름 a, b인 두 구상 도체 전극이 도전율 k인 매질 속에 중심 간의 거리 r만큼 떨어져 놓여 있다. 양 전극간의 저항은? 단, $r \gg a, b$이다.

① $4\pi k\left(\dfrac{1}{a} + \dfrac{1}{b}\right)$ ② $4\pi k\left(\dfrac{1}{a} - \dfrac{1}{b}\right)$

③ $\dfrac{1}{4\pi k}\left(\dfrac{1}{a} + \dfrac{1}{b}\right)$ ④ $\dfrac{1}{4\pi k}\left(\dfrac{1}{a} - \dfrac{1}{b}\right)$

해설 반지름 a, b인 두 구상 도체 전극

$$V = V_a - V_b = \frac{Q}{4\pi\epsilon a} - \frac{-Q}{4\pi\epsilon b} = \frac{Q}{4\pi\epsilon}\left(\frac{1}{a} + \frac{1}{b}\right)$$ 에서

정전용량 $C = \dfrac{Q}{V} = \dfrac{Q}{\dfrac{Q}{4\pi\epsilon}\left(\dfrac{1}{a} + \dfrac{1}{b}\right)} = \dfrac{4\pi\epsilon}{\dfrac{1}{a} + \dfrac{1}{b}}$ [F]

$\therefore R = \dfrac{\rho\epsilon}{C} = \dfrac{\rho\epsilon}{4\pi\epsilon}\left(\dfrac{1}{a} + \dfrac{1}{b}\right) = \dfrac{\rho}{4\pi}\left(\dfrac{1}{a} + \dfrac{1}{b}\right) = \dfrac{1}{4\pi k}\left(\dfrac{1}{a} + \dfrac{1}{b}\right)$ [Ω]

여기서, 도전율 $k = \dfrac{1}{\rho}$

【답】③

CHAPTER 07 진공 중의 정자계

정자계(Static magnetic field)·쿨롱의 법칙·자계의 세기·자기력선·자위(magnetic potential energy)·자속과 자속밀도·자기쌍극자(소자석)·판자석(자기이중층)·암페르의 오른나사 법칙·암페어 주회 적분 정리·전류에 의한 자장·토크(Torque)·플레밍의 왼손 법칙·플레밍의 오른손 법칙·평행 도선에 전류가 흐를 때 받는 힘·전류에 의한 자기효과·로렌츠의 힘

자성체는 자철광(magnetite : $F_{e2}O_3$)처럼 철편을 잡아당기는 성질을 지니며 남쪽과 북쪽을 가리킨다. 이 성질은 철, 니켈, 코발트 등의 금속에도 인공적으로 줄 수 있으며 이러한 성질이 있는 금속을 자성(magnetism)이 있다고 하며, 자성을 지닌 물질을 자석(magnet)이라고 한다. 자석에 있어서 힘이 가장 강한 부분을 자극(magnetic pole)이라 한다. 이러한 자극은 지구의 남과 북을 가리키며 이때 북쪽을 N극(North pole : +극), 남쪽을 S극(South pole : -극)이라 한다.
자극은 같은 극끼리는 반발력, 다른 극끼리는 흡인력이 작용한다.

정자계(Static magnetic field)

정자계는 직류나 영구자석에 의해 형성되는 정상자계를 말한다.

1 자계(magnetic field))의 정의

자계(magnetic field))의 정의는 "자기력선이 미치는 공간"으로 다음과 같은 특징을 가진다.
자계의 자기력선은 항상 N극에서 S극으로 이동한다.
또한, 자계는 발산이 없으며 이를 식으로 표현하면 $\mathrm{div}\, B = 0$이 되어 자계는 연속적이다(고립된 자극이 없다).

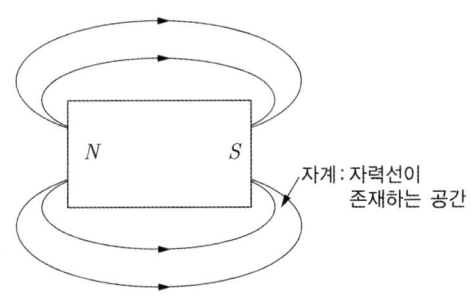

2 자계의 단위 정리

	MKS 단위계	CGS 단위계
자하(자속)	[Wb]	[maxwell]
	1[Wb]=10^8[maxwell]	
자속 밀도	[Wb/m^2][T]	[Gauss]
	1[Wb/m^2]=1[T] = 10^4[Gauss]	

3 m_1, m_2 [Wb]

자극의 세기, 자속의 양

쿨롱의 법칙

쿨롱의 법칙은 두 자하(자극) 사이에 미치는 힘을 나타낸 것으로 다음과 같은 식에 의해서 구할 수 있다.

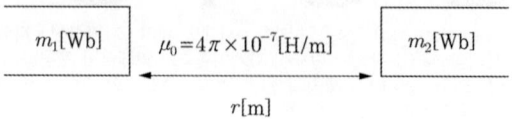

1 쿨롱의 힘

$$F = k\frac{m_1 m_2}{r^2} [N]$$

① k : 쿨롱 상수

$$k = \frac{1}{4\pi\mu_o} = 6.33 \times 10^4$$

② μ_o : 진공 또는 공기 중의 투자율

$$\mu_0 = 4\pi \times 10^{-7} [H/m]$$

$$\therefore F = k\frac{m_1 m_2}{r^2} = \frac{m_1 m_2}{4\pi\mu_o r^2} = 6.33 \times 10^4 \times \frac{m_1 m_2}{r^2} [N]$$

2 쿨롱의 법칙

① 두 자하 사이의 힘은 두 자하의 곱에 비례한다.
② 두 자하 사이의 힘은 두 자하의 거리의 제곱에 반비례한다.
③ 두 자하 사이의 힘은 두 자하를 연결하는 일직선상에 존재한다.
④ 두 자하 사이의 힘은 주위 매질에 따라 달라진다.

위의 식에서의 투자율(μ)은 자속이 통과하는 정도[H/m]를 나타내며 다음과 같은 식으로 표현된다.

$$\text{투자율 } \mu = \mu_0 \mu_s [H/m]$$

여기서, μ_o : 진공 또는 공기 중의 투자율

$$\mu_0 = 4\pi \times 10^{-7} [H/m]$$

비투자율(μ_s) : 자성체의 물질에 따라 다른 계수

- 진공 $\mu_s = 1$
- 다른 물질 $\mu_s > 1$

자계의 세기

1 자계의 세기 +1[Wb]에 작용하는 쿨롱의 힘

자계의 세기의 정의는 자계 내에서 m [Wb]의 점자하(자극)가 단위점자하(자극)($m=+1$ [Wb])에 작용하는 쿨롱의 힘을 나타낸 것이다.

따라서 자계의 세기는 +1[Wb]에 작용하는 쿨롱의 힘으로 다음 식과 같이 나타낼 수 있다.

$$H = \frac{m \times 1}{4\pi\mu_0 r^2} = \frac{m}{4\pi\mu_0 r^2} = 6.33 \times 10^4 \times \frac{m}{r^2} \text{ [AT/m]}$$

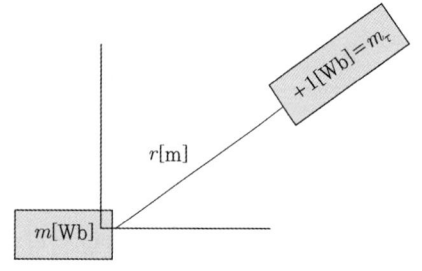

2 자계의 세기의 단위

자계의 세기의 단위는 쿨롱의 힘과 자계의 관계식에서 유추할 수 있으며 다음과 같다.

쿨롱의 힘 $F = mH$에서

자계의 세기는 $H = \frac{F}{m}$ [A/m], [N/Wb]와 같다.

이때 자계의 세기 단위를 다른 방법으로 표현하면 다음과 같다.

$$\left[\frac{N}{Wb}\right] = \left[\frac{N \cdot m}{Wb \cdot m}\right] = \left[\frac{J/Wb}{m}\right] = \left[\frac{A}{m}\right] = \left[\frac{Wb}{H \cdot m}\right]$$

여기서, 인덕턴스 $L = \frac{N\phi}{I}$ [H]

자기력선

자기력선은 자기력이 분포되어 있는 모양을 그림으로 표시한 것으로 자계의 세기를 나타내기 위한 가상선이다.

1 정자계에서 자기력선의 성질

① 임의의 점에서 자계의 방향은 자기력선의 접선 방향이다.
② 임의의 점에서 자계의 세기는 자기력선 밀도와 같다.

가우스의 법칙 $H = \lim_{\triangle s \to 0} \frac{\triangle N}{\triangle S}$에서 $H = \frac{dN}{dS}$

$dN = H \cdot dS$에서 양변을 적분하면 $\int dN = \int H\, dS$

따라서 자기력선 수는 $N = \int_s H\, dS = \frac{m}{\mu_0}$ [개]로 표현된다.

여기서, 자계의 세기를 구하기 위한 방법으로

$H \cdot S = \frac{m}{\mu_0}$이므로 자계의 세기는 $H = \frac{m}{\mu_0 S}$ [AT/m]로 구할 수 있게 된다.

③ N극($+m$)에서 시작해서 S극($-m$)에서 종료된다.
④ 두 개의 자기력선은 서로 교차하지 않는다.
⑤ 자기력선은 자위가 높은 점에서 낮은 점으로 향한다.
⑥ 자기력선은 등자위면과 수직으로 교차한다.

여기서, 등자위면은 자위가 같은 면을 연결한 것으로 두 개의 등자위면은 서로 교차하지 않는다.

자위(magnetic potential energy)

자위는 자기적인 위치에너지를 나타내는 것으로 "자계에 대하여 단위 정자하를 무한점에서 P점까지 옮기는 데 필요한 일"로 정의된다.

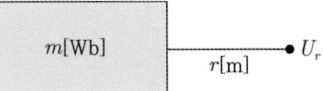

1 P점 전위 식

여기서, (−)는 전계 반대 방향에 대해서 한 일의 양을 나타낸다.

$$U_P = -\int_\infty^P H \cdot dl = -\int_\infty^P \frac{m}{4\pi\mu_0 r^2} dr = \frac{m}{4\pi\mu_0}\left[-\frac{1}{r}\right]_r^\infty = \frac{m}{4\pi\mu_0 r}[A] = 6.33 \times 10^4 \times \frac{m}{r}[A]$$

2 자위와 자계의 세기와의 관계

① 자계의 세기 $H = \dfrac{m}{4\pi\mu_0 r^2}$

② 자위 $U = \dfrac{m}{4\pi\mu_0 r}$

③ 자위와 자계의 세기와의 관계를 나타내면 자계의 세기는 자위 경도와 크기는 같고 방향은 반대이다. 그 이유는 자위 경도의 경우 자위의 증가율을 나타내는 반면 자기력선은 자위가 높은 점에서 낮은 점으로 이동하므로 자위 경도와는 반대 방향이다.

$H = \dfrac{U}{l}$ [A/m], $U = H \cdot l$ [A]

$H = -\,grad\,U = -\nabla \cdot U$

3 에너지(일)와 자위와의 관계

① 정자계에서의 에너지(일)는 $W = mU$로 정의되며

따라서 $W = mU = -m\int_\infty^P H\,dl$ [J]

여기서, 단위 자하($m = 1$[Wb])를 가지고 이동한다면

에너지 $W = mU = -m\int_\infty^P H\,dl = -\int_\infty^P H\,dl$ [J]

② 여기서, 폐곡면을 일주한다면 자위차가 0이므로 일(에너지)은 0이 된다.

$W = mU = -m\oint H\,dl = 0$

여기서, 일주라는 것은 폐곡면을 이동하므로 자위가 같아(등자위면) 에너지(일)는 0이다.

자속과 자속밀도

자속(magnetic flux)은 자계의 상태를 나타내기 위한 가상의 선이다.
자속은 $\phi = m$[Wb]로 표시되며 매질에 관계없이 $+m$[Wb]의 자하에서 m[Wb]의 자속이 발생된다.
자속 밀도는 면적당 자속수 즉, 자속의 밀도를 나타내며 다음과 같다.

따라서 자속 밀도는 $B = \dfrac{\phi}{S} = \dfrac{m}{4\pi r^2}$[Wb/m^2]

여기서, 자속 밀도와 자계와의 관계를 살펴보면

자계의 세기는 $H = \dfrac{m}{4\pi\mu_0 r^2}$[A/m]이고 자속 밀도는 $B = \dfrac{\phi}{S} = \dfrac{m}{4\pi r^2}$[Wb/m^2]이므로

자속 밀도와 자계와의 관계는 $B = \mu_0 H$로 나타낼 수 있다.
여기서, 비투자율이 있는 경우는 $B = \mu_0 \mu_s H$로 나타낸다.

자기쌍극자(소자석)

자기쌍극자는 오른쪽 그림과 같이 "미소 자하(자극) $\pm m$[Wb]가 미소거리 δ[m]만큼 떨어져 배치"된 것을 나타내며 이때, 쌍극자모멘트는 다음과 같다.

자기쌍극자모멘트 $M = m \cdot \delta$[Wb·m]

자기쌍극자에서 r만큼 떨어진 P점의 자위는 다음과 같다.

$U_P = \dfrac{m}{4\pi\mu_0}\left(\dfrac{1}{r_1} - \dfrac{1}{r_2}\right)$[A]

여기서, $r_1 = r - \dfrac{\delta}{2}\cos\theta$, $r_2 = r + \dfrac{\delta}{2}\cos\theta$

$\qquad = \dfrac{m}{4\pi\mu_0}\left(\dfrac{1}{r - \dfrac{\delta}{2}\cos\theta} - \dfrac{1}{r + \dfrac{\delta}{2}\cos\theta}\right)$

$\qquad = \dfrac{m}{4\pi\mu_0}\dfrac{\delta\cos\theta}{r^2 - \dfrac{\delta^2}{4}\cos^2\theta}$

여기서, $r \gg \delta$이므로 $r^2 - \dfrac{\delta^2}{4}\cos^2\theta \fallingdotseq r^2$

따라서 자위 $U_P = \dfrac{m\delta\cos\theta}{4\pi\mu_0 r^2} = \dfrac{M}{4\pi\mu_0 r^2}\cos\theta$[AT]가 된다.

자기쌍극자의 자위는 $\cos$ 값에 따라 달라지며 $\theta = 0°$일 때 최댓값이 되며 $\theta = 90°$일 때 최솟값이 된다.

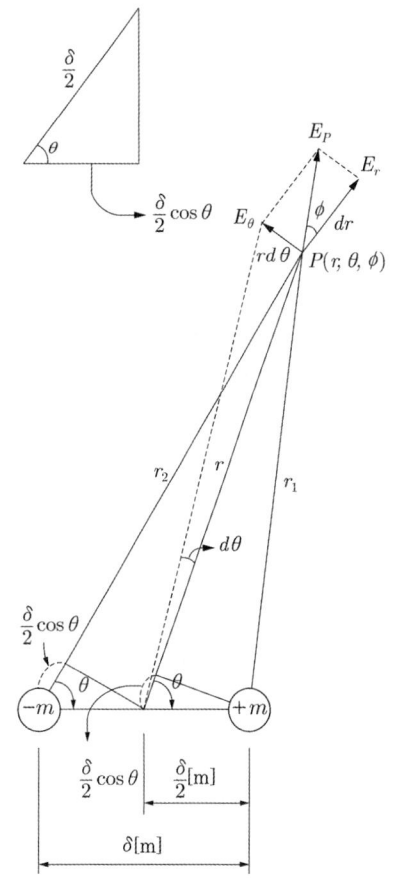

또한, 자기쌍극자에서의 자계의 세기는 자위 $U=\dfrac{M}{4\pi\epsilon_0 r^2}\cos\theta$가 (r, θ)의 함수이므로 구좌표를 이용하여 구좌표계의 경도 식을 적용하면

전계의 세기는 $H=-\nabla U=-\left(\dfrac{\partial U}{\partial r}a_r+\dfrac{1}{r}\dfrac{\partial U}{\partial \theta}a_\theta\right)$

$$=-\left(\dfrac{-2M\cos\theta}{4\pi\mu_0 r^3}a_r+\dfrac{1}{r}\dfrac{(-M\sin\theta)}{4\pi\mu_0 r^2}a_\theta\right)$$

$$=\dfrac{2M\cos\theta}{4\pi\mu_0 r^3}a_r+\dfrac{M\sin\theta}{4\pi\mu_0 r^3}a_\theta=a_r\dfrac{M}{2\pi\mu_0 r^3}\cos\theta+a_\theta\dfrac{M}{4\pi\mu_0 r^3}\sin\theta$$

따라서 자계의 세기 $H=\sqrt{H_r^2+H_\theta^2}$ 에서

$\therefore H_P=\dfrac{2M\cos\theta}{4\pi\epsilon_0 r^3}a_r+\dfrac{M\sin\theta}{4\pi\mu_0 r^3}a_\theta$

$H_P=\dfrac{M}{4\pi\mu_0 r^3}\sqrt{1+3\cos^2\theta}$ 가 된다.

자기쌍극자의 자계의 세기는 cos 값에 따라 달라지며 $\theta=0°$일 때 최댓값이 되며 $\theta=90°$일 때 최솟값이 된다.

판자석(자기이중층)

자기이중층은 오른쪽 그림과 같이 자하(자극) 밀도 $\pm\sigma[\text{Wb/m}^2]$가 미소거리 $\delta[\text{m}]$만큼 떨어져 배치된 것으로 이때의 모멘트를 판자석의 세기라 하며 다음과 같다.

판자석의 세기 $P=\sigma\cdot\delta=\mu_0 I[\text{Wb/m}]$

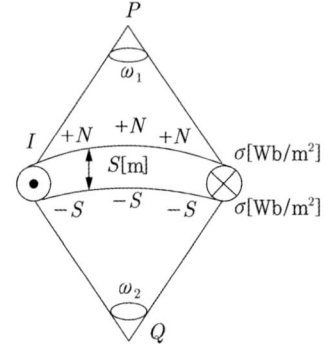

판자석에서 r만큼 떨어진 P점의 자위는 다음과 같다.

$U_P=\dfrac{P}{4\pi\mu_0}\omega_1[\text{AT}]$

여기서, 입체각 $\omega=2\pi(1-\cos\theta)[\text{Sr}]$로 나타낸다.
따라서 판자석의 자위는

$U_P=\dfrac{P}{4\pi\mu_0}\omega_1=\dfrac{P}{4\pi\mu_0}2\pi(1-\cos\theta)$

$=\dfrac{\mu_0 I}{4\pi\mu_0}2\pi\left(1-\dfrac{x}{\sqrt{a^2+x^2}}\right)$

$=\dfrac{I}{2}\left(1-\dfrac{x}{\sqrt{a^2+x^2}}\right)[\text{AT}]$

또한, P점의 반대편의 Q점의 자위는

$U_Q=\dfrac{P}{4\pi\epsilon_0}\omega_2$로 나타낼 수 있다.

따라서 두 점 PQ 간의 자위차를 구하면

$U_{PQ} = \dfrac{P}{4\pi\mu_0}(2\pi - (-2\pi))$이 되며

만약, 이중층이 얇은 판이라면 $\omega_1 = 2\pi$, $\omega_2 = -2\pi$가 되므로

두 점 PQ 간의 자위차는

$U_{PQ} = \dfrac{P}{4\pi\mu_0}(2\pi - (-2\pi)) = \dfrac{P}{\mu_0}$ [A]

$= \dfrac{P}{\mu_0} = \dfrac{\mu_0 I}{\mu_0} = I$ [A]가 된다.

앙페르의 오른나사의 법칙

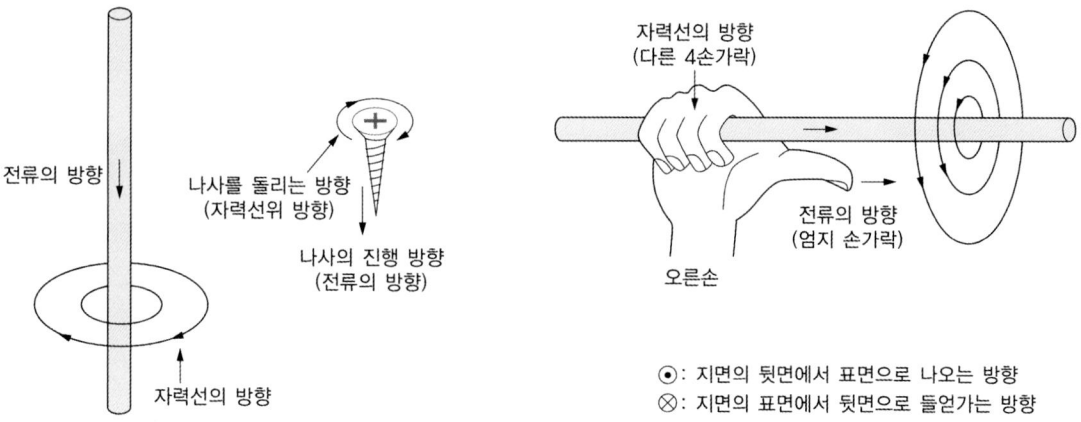

앙페르의 오른나사의 법칙은 전류의 방향과 자장의 방향의 관계를 나타내는 법칙으로 오른나사의 진행 방향으로 전류가 흐를 때 오른나사의 회전 방향이 자장의 방향이 된다는 법칙이다.

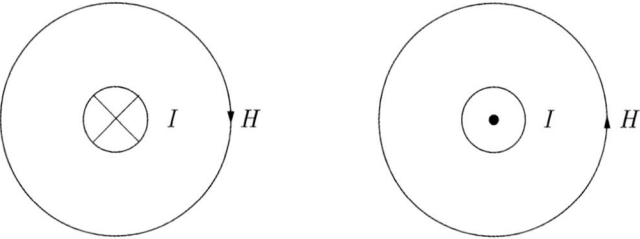

또한, 오른나사의 진행방향으로 자장의 방향이 형성되면 오른나사의 회전방향으로 전류가 흐른다는 법칙이다.

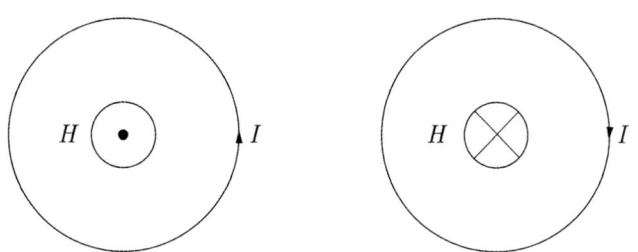

암페어 주회 적분 정리

암페어 주회 적분 정리는 전류와 자계의 세기와의 관계를 나타내는 것으로 "임의의 폐곡면에 대한 자계의 선적분은 폐곡면을 관통하는 전전류와 같다."는 것으로 자계의 세기를 구할 때 널리 이용된다.
이를 식으로 표현하면 다음과 같다.

$$\oint H\,dl = \sum I$$

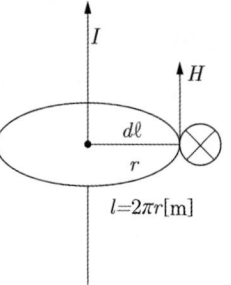

전류에 의한 자장

전류에 의해 발생되는 자계의 세기를 계산하기 위하여 다섯 가지의 형태로 구분하였다.

1 원형코일 중심의 자계의 세기

원형코일에 전류가 흐를 때 코일 중심점의 자계의 세기는 판자석의 계산에서 응용하여 사용하며 다음과 같다.

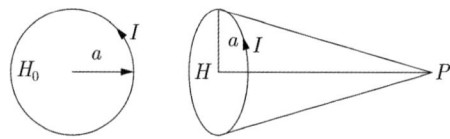

① 판자석의 자위

$$U_P = \frac{P}{4\pi\mu_0}\omega_1 = \frac{P}{4\pi\mu_0}2\pi(1-\cos\theta)$$

$$= \frac{\mu_0 I}{4\pi\mu_0} \times 2\pi\left(1 - \frac{x}{\sqrt{a^2+x^2}}\right) = \frac{I}{2}\left(1 - \frac{x}{\sqrt{a^2+x^2}}\right)$$

② 자계의 세기

$$H = -\,grad\,U = -\frac{\partial U}{\partial x} = \frac{a^2 I}{2(a^2+x^2)^{\frac{3}{2}}}$$

③ 원형코일 중심의 자계의 세기

$$H_0 = H_p|_{x=0} = \frac{a^2 I}{2(a^2+x^2)^{\frac{3}{2}}}\bigg|_{x=0} = \frac{I}{2a}\,[\text{AT/m}]$$

만약, 코일의 권수가 N이라면

자계의 세기 $H = \frac{I}{2a} \times N\,[\text{AT/m}]$가 되며 자계의 세기는 코일 권수에 비례하게 된다.

② **무한장 직선전류에 의한 자계의 세기**

무한장 직선에서의 자계의 세기는 두 가지 형태로 구할 수 있다.

일반적인 경우는 도체에 준 전류는 모두 도체 표면에 존재하는 경우이며 강제조항이라 불리는 도체의 내부에도 전류가 균일하게 흐르는 경우로 생각할 수 있다.

① 도체 표면에 전류가 흐를 때

암페어의 주회 적분 정리를 이용하여

$$\oint_c H \cdot dl = I$$

$$H \cdot l = I$$

여기서, 자로의 길이 $l = 2\pi r$ [m]가 되므로

자계의 세기 $H = \dfrac{I}{l} = \dfrac{I}{2\pi r}$ [AT/m]가 된다.

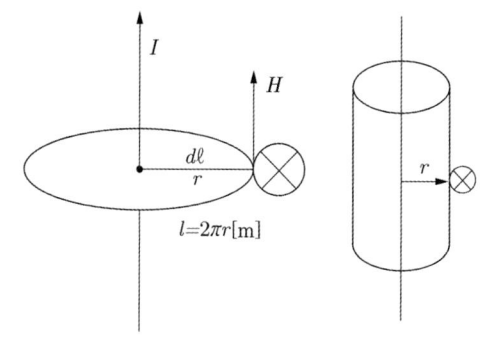

이것을 그래프로 나타내면 다음과 같다.

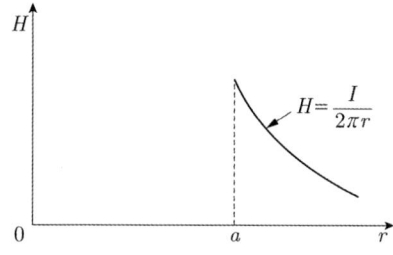

② 도체 내부에 균일하게 전류가 흐를 때 자계의 세기(직류인가)

도체 외부($r > a$)의 자계의 세기는 암페어의 주회 적분 정리를 이용하여

$$\oint_c H \cdot dl = I$$

$H \cdot l = I$ 여기서, 자로의 길이 $l = 2\pi r$ [m]가 되므로

자계의 세기 $H = \dfrac{I}{l} = \dfrac{I}{2\pi r}$ [AT/m]

도체 내부($r < a$)에서의 자계의 세기는

자계의 세기 $H_i = \dfrac{I'}{2\pi r}$ [AT/m]

여기서, 전류는 도체의 단면적에 비례하므로

$I' = \dfrac{\pi r^2}{\pi a^2} I = \dfrac{r^2}{a^2} I$ 가 되며

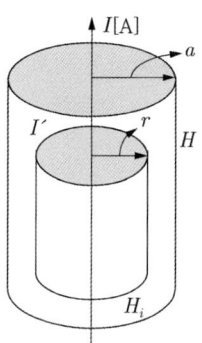

따라서 도체 내부의 자계의 세기는 거리에 비례하는 형태로 존재한다.

자계의 세기 $H_i = \dfrac{I'}{2\pi r} = \dfrac{\frac{r^2}{a^2}I}{2\pi r} = \dfrac{rI}{2\pi a^2}$ [AT/m]

이것을 그래프로 나타내면 다음과 같다.

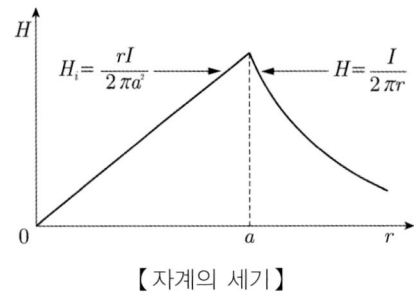

【 자계의 세기 】

③ 유한장 직선전류에 의한 자계의 세기

유한장 직선전류에 의한 자계의 세기는 비오-사바르의 법칙을 이용하여 구하며 여기서, 비오-사바르의 법칙은 전류와 자계의 관계법칙으로 곡면에 전류가 흐를 때 자계의 세기를 계산하는 법칙이다.

여기서, 비오-사바르의 실험식은 다음과 같다.

$\varDelta H = \dfrac{Il\sin\theta}{4\pi r^2}$ [AT/m]

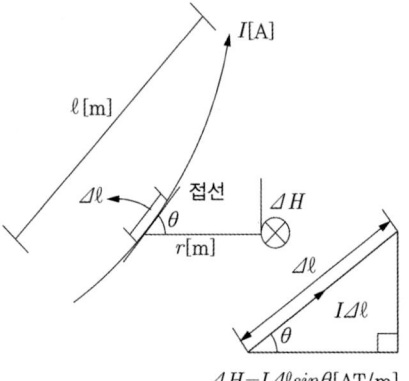

따라서 비오-사바르의 법칙에 의한 유한장 직선전류에 의한 자계의 세기는 오른쪽 그림과 같이 구할 수 있다.

유한장 직선의 자계의 세기

$H = \dfrac{I}{4\pi a}(\sin\beta_1 + \sin\beta_2) = \dfrac{I}{4\pi a}(\cos\theta_1 + \cos\theta_2)$ [AT/m]

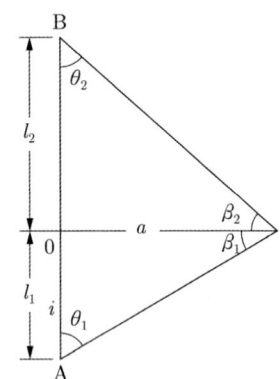

4 환상 솔레노이드에 의한 자계의 세기

환상 솔레노이드는 그림과 같이 아주 가는 보빈(bobbin) 또는 철심에 코일을 감은 것으로 트로이드(troide)라고 한다.

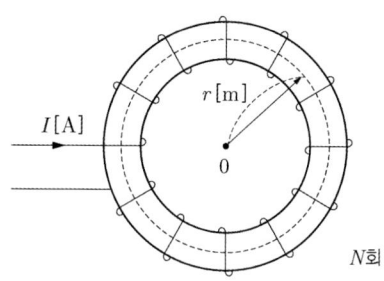

환상 솔레노이드의 자계의 세기는 암페어의 주회 적분 정리를 이용하여

$$\oint_c H \cdot dl = NI$$

$H \cdot l = NI$

여기서, 자로의 길이 $l = 2\pi r$[m]가 되므로

자계의 세기 $H = \dfrac{NI}{l} = \dfrac{NI}{2\pi r}$[AT/m]가 된다.

따라서 환상 솔레노이드의 자계의 세기는 권수에 비례하는 크기를 가진다.

이때, 환상 솔레노이드의 내부는 평등자장으로 자계의 세기는 $H = \dfrac{NI}{2\pi r}$[AT/m]가 되며 코일 외부의 자계의 세기는 $H = 0$이다.

5 무한장 솔레노이드 자계의 세기

무한장 솔레노이드는 일반적으로 솔레노이드라고 부르며 그림에서와 같이 굵기가 비교적 얇고 길이가 긴 형태에 코일을 감은 형태이다.

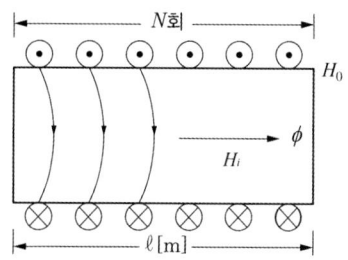

무한장 솔레노이드의 자계의 세기는 암페어의 주회 적분 정리를 이용하여

$$\oint_c H \cdot dl = NI$$

$H \cdot l = NI$

여기서, 자로의 길이 l[m]가 되므로

자계의 세기 $H = \dfrac{NI}{l} = n_0 I$[AT/m] 여기서, n_0 : m당 권수

따라서 무한장 솔레노이드의 자계의 세기는 권수에 비례하는 크기를 가진다.

이때, 무한장 솔레노이드의 내부는 평등자장으로 자계의 세기는 $H = n_0 I$[AT/m]가 되며 코일 외부의 자계의 세기는 $H = 0$이다.

토크(Torque)

토크(Torque)는 회전력을 나타내며 자성체에 의한 토크와 도체에 의한 토크로 나눌 수 있다.

1 자성체에 의한 토크

자성체에 의한 토크는 그림과 같이 평등자장 내에 길이가 $l[m]$이고 자극의 세기가 $\pm m[Wb]$인 자석이 자계와 θ의 각도를 이룰 때의 회전력을 나타낸다.

회전력 $T = M \times H = MH\sin\theta = mlH\sin\theta [N \cdot m]$이며

여기서, $M = ml[Wb \cdot m]$은 자기모멘트이다.

또한, $T = M \times H = MH\sin\theta$에서 자석과 자장이 수직이라면
$= MH[N \cdot m]$

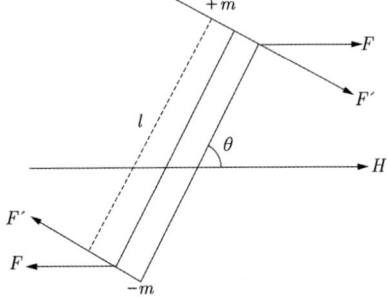

2 도체에 의한 토크

도체에 의한 토크는 그림과 같이 평등자장 내에 도체가 자계와 θ의 각도를 이룰 때의 회전력을 나타낸다.

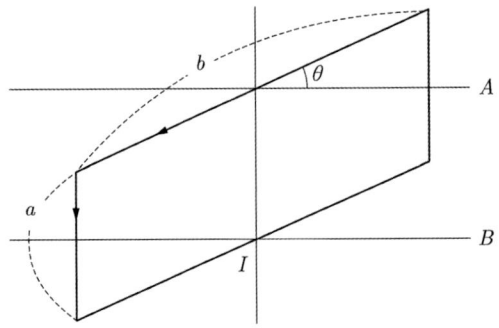

$$T = NIBS\cos\theta = NIBab\cos\theta [N \cdot m]$$

3 일

토크(회전력) $T = \dfrac{\partial W}{\partial \theta}$에서

일은 다음과 같이 구할 수 있다.

$$W = \int_0^\theta T d\theta = MH(1 - \cos\theta)[J]$$

플레밍의 왼손 법칙

플레밍의 왼손 법칙은 자계 중에서 전류가 흐르는 도체가 받는 힘으로 전자력이라고도 한다. 이 힘에 의해 전동기의 경우 토크가 발생하므로 전동기의 원리가 된다.

플레밍의 왼손법칙은 엄지손가락이 힘의 방향을 둘째손가락이 자장의 방향을 가운뎃손가락이 전류의 방향을 나타낸다.

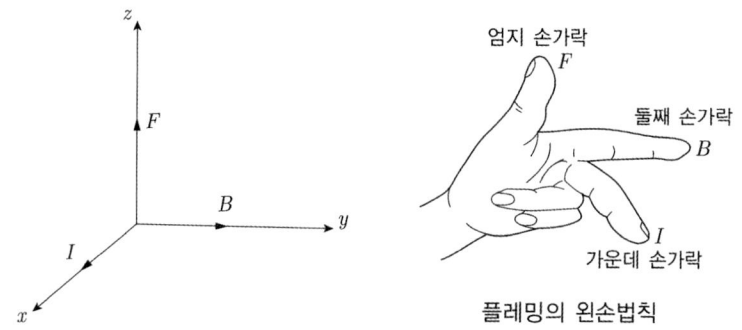

플레밍의 왼손법칙

이것을 전동기에 적용하여 구하면 아래의 그림과 같은 방향에 힘을 받게 된다.

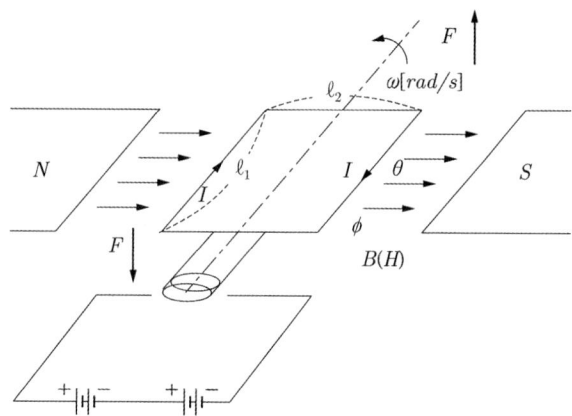

따라서 자계 중에서 전류가 흐르는 도체가 받는 힘은 다음과 같다.

$$F = (I \times B)l = IBl\sin\theta \text{[N]}$$

플레밍의 오른손 법칙

플레밍의 오른손 법칙은 자계 중에서 도체가 운동하면 기전력이 발생된다는 것으로 발전기의 원리가 된다.

플레밍의 오른손 법칙은 엄지손가락이 운동의 방향을, 둘째손가락이 자장의 방향을, 가운뎃손가락이 기전력의 방향을 나타낸다.

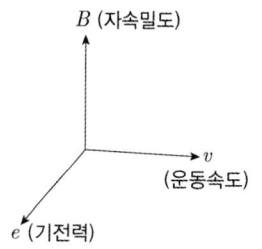

이것을 발전기에 적용하여 구하면 오른쪽 그림과 같은 방향으로 기전력이 발생된다.

따라서 자계 중에서 운동 중인 도체가 발생하는 기전력은 다음과 같다.

$$e = (v \times B)l = vBl\sin\theta \, [\text{V}]$$

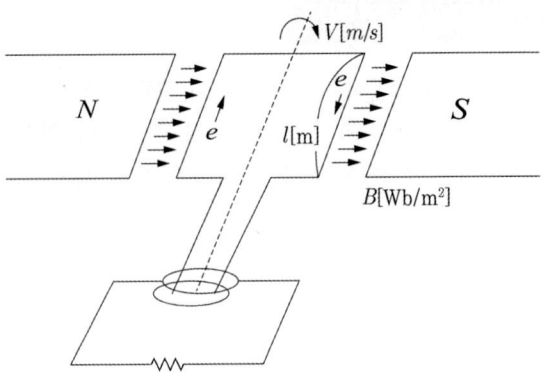

평행 도선에 전류가 흐를 때 받는 힘

전류가 흐르고 있는 두 개의 도선 사이에 힘이 작용한다는 것은 한쪽 도체에서 만든 자계가 다른 쪽 도체에 흐르는 전류에 전자력을 미치기 때문이다. 이러한 전자력은 상호작용 함으로 두 도체 사이에는 힘이 작용하게 된다.

이 힘을 전류가 같은 방향으로 흐르는 경우(평행 도선)와 전류가 반대 방향으로 흐르는 경우(왕복 도선)로 나누어 보면 다음과 같다.

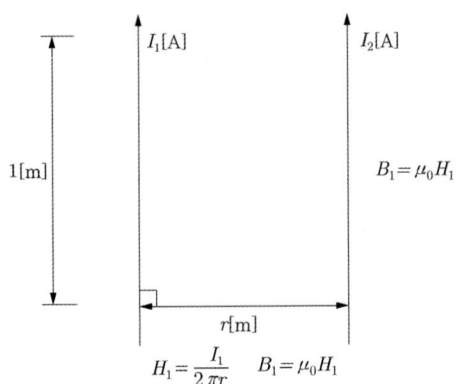

1 흡인력(인력) 작용

전류 방향이 동일한 경우는 흡인력(인력) 작용하며 계산 방법은 다음과 같다.

① I_2가 받는 전자력

$$F = (I_2 \times B)l = I_2 Bl\sin\theta \, [\text{N}]$$

여기서, $l = 1[\text{m}]$, $\sin 90° = 1$이므로

$F = I_2 B_1$
  $= I_2 \mu_0 H_1$

② 무한장 직선전류에 의한 자계의 세기 $H_1 = \dfrac{I_1}{2\pi r}$ 에서

$$F = I_2 \mu_0 H_1 = \dfrac{\mu_0 I_1 I_2}{2\pi r}$$

$$= I_2 \times 4\pi \times 10^{-7} \times \dfrac{I_1}{2\pi r} = \dfrac{2I_1 I_2}{r} \times 10^{-7} \, [\text{N/m}]$$

$$\therefore F = \dfrac{2I_1 I_2}{r} \times 10^{-7} \, [\text{N/m}]$$

② 반발력(척력) 작용

전류 방향이 반대(왕복도체)인 경우는 반발력(척력)이 작용하며 힘의 크기는 같은 방향으로 흐르는 경우와 같다.

$$F = \frac{2I_1I_2}{r} \times 10^{-7} [\text{N/m}]$$

전류에 의한 자기효과

전류에 의한 자기효과는 다음과 같다.

① 핀치 효과(Pinch Effect)

액체 도체에 전류를 흘리면 전류의 방향과 수직 방향으로 원형 자계가 생겨 전류(액체)에는 구심적인 전자력이 작용한다. 이에 따라 액체 단면은 수축하므로 $R = \rho \dfrac{l}{A}$ 에서 저항이 크게 되어 전류의 흐름은 작게 된다. 그 결과로 수축력은 감소되어 액체 단면은 원래의 형태로 복귀하며 다시 전류가 흘러 수축력이 작용한다.

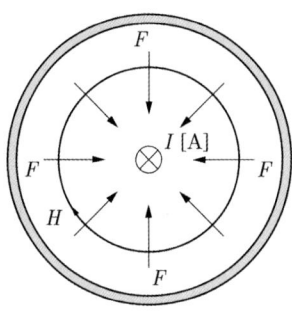

② 홀 효과(Hall Effect)

도체나 반도체에 전류를 흘리고 이것과 직각 방향으로 자계를 가하면 그 양자와 직각 방향으로 기전력이 생기는 현상을 홀 효과라 한다.

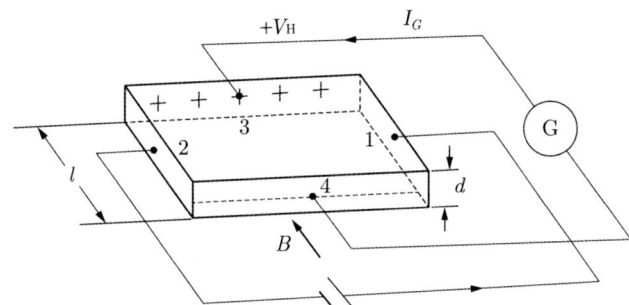

③ 스트레치 효과(Stretch Effect)

자유로이 구부릴 수 있는 도선에 대전류를 통하면 도선 상호 간의 반발력에 의하여 도선이 원을 형성하게 되는 현상을 스트레치 효과라 한다.

로렌츠의 힘

아래의 그림과 같이 평등자계 내에 수직으로 돌입한 전자가 받는 힘을 로렌츠의 힘이라 한다.

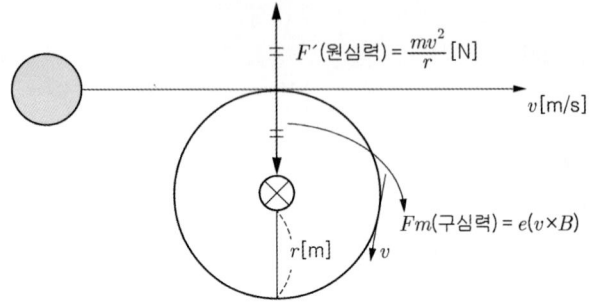

로렌츠 힘은 전자(전하)가 받는 힘으로 전계에서 받는 힘과 자계에서 받는 힘의 합으로 나타내며 다음과 같다.

$$F = F_e + F_m = eE + e(v \times B)$$
$$= e\{E + (v \times B)\}$$

여기서, 플레밍의 왼손 법칙에 의하여 전자가 받는 힘은 운동 방향에 수직으로 전자는 원운동을 하며 구심력 ($F = evB$)과 원심력($F_0 = \dfrac{mv^2}{r}$)이 같으므로 다음과 같다.

$$evB = \dfrac{mv^2}{r}$$

여기서, 원운동의 반경은 $r = \dfrac{mv}{eB} \propto v$ 이고

원운동의 각속도는 $\omega = \dfrac{v}{r} = \dfrac{eB}{m}$ 이며

원운동의 주파수는 $\omega = 2\pi f = \dfrac{eB}{m}$ 에서 $f = \dfrac{eB}{2\pi m}$ 이며

원운동의 주기는 $T = \dfrac{1}{f} = \dfrac{2\pi m}{eB}$ 와 같다.

이론 요약

1. 정전계와 정자계의 비교

정전계	정자계
전하 Q	자극 m
유전율 ϵ_0	투자율 μ_0
전계의 세기 $E = \dfrac{Q}{4\pi\epsilon_0 r^2}$	자계의 세기 $H = \dfrac{m}{4\pi\mu_0 r^2}$
전위 $V = \dfrac{Q}{4\pi\epsilon_0 r}$	자위 $U = \dfrac{m}{4\pi\mu_0 r}$
전속 $\psi = Q$ [C]	자속 $\phi = m$ [Wb]
전속밀도 $D = \epsilon_0 \epsilon_s E$	자속밀도 $B = \mu_0 \mu_s H$
전기력선 수 $N = \dfrac{Q}{\epsilon_o}$	자기력선 수 $S = \dfrac{m}{\mu_o}$
분극의 세기 $P = \epsilon_o(\epsilon_s - 1)E$	자화의 세기 $J = \mu_o(\mu_s - 1)H$
전기쌍극자 전위 $V = \dfrac{M}{4\pi\epsilon_0 r^2}\cos\theta$	자기쌍극자 자위 $U = \dfrac{M}{4\pi\mu_0 r^2}\cos\theta$
전계의 세기 $E = \dfrac{M}{4\pi\epsilon_0 r^3}\sqrt{1+3\cos^2\theta}$	자계의 세기 $H = \dfrac{M}{4\pi\mu_0 r^3}\sqrt{1+3\cos^2\theta}$
경계 조건 ① 전계의 접선성분이 연속 　$E_1\sin\theta_1 = E_2\sin\theta_2$ ② 전속밀도의 법선성분이 연속 　$D_1\cos\theta_1 = D_2\cos\theta_2$ ③ $\dfrac{\tan\theta_1}{\tan\theta_2} = \dfrac{\epsilon_1}{\epsilon_2}$ ④ $\epsilon_1 > \epsilon_2$ 일 경우 $E_1 < E_2$, $D_1 > D_2$, $\theta_1 > \theta_2$	경계 조건 ① 자계의 접선성분이 연속 　$H_1\sin\theta_1 = H_2\sin\theta_2$ ② 자속밀도의 법선성분이 연속 　$B_1\cos\theta_1 = B_2\cos\theta_2$ ③ $\dfrac{\tan\theta_1}{\tan\theta_2} = \dfrac{\mu_1}{\mu_2}$ ④ $\mu_1 > \mu_2$ 일 경우 $H_1 < H_2$, $B_1 > B_2$, $\theta_1 > \theta_2$

2. 자계의 세기(전류에 의한 자장)

① 원형코일의 중심(원형코일에 전류가 흐를 때)

- $H = \dfrac{I}{2a}$ [A/m]

- 중심에서 x 만큼 떨어진 지점 $H = \dfrac{a^2 I}{2(a^2 + x^2)^{\frac{3}{2}}}$ [A/m]

② 무한장 직선(원통, 직선도체에 전류가 흐를 때)

- 내부 : $H = 0$

- 중심에서 r 만큼 떨어진 지점 $H = \dfrac{I}{2\pi r}$ [A/m]

　자속밀도 : $B = \mu_o H = \dfrac{\mu_o I}{2\pi R}$ [Wb/m²]

※ 전류가 도체 내부에 균일하게 흐를 때(직류 인가 시)

- 내부($r < a$) : $H = \dfrac{rI}{2\pi a^2}$ [A/m]

- 외부($r > a$) : $H = \dfrac{I}{2\pi r}$ [A/m]

③ 유한장 직선도체 : $H = \dfrac{I}{4\pi a}(\sin\theta_1 + \sin\theta_2)$ [A/m]

- 정삼각형 중심의 자계의 세기 : $H = \dfrac{9I}{2\pi l}$ [A/m]

- 정사각형 중심의 자계의 세기 : $H = \dfrac{2\sqrt{2}\,I}{\pi l}$ [A/m]

※ 비오-사바르의 실험식 : $\triangle H = \dfrac{Il\sin\theta}{4\pi r^2}$ [AT/m]

④ 환상솔레노이드 : $H = \dfrac{NI}{2\pi r}$ [AT/m] (여기서, N : 권수)

　　　내부 : 평등자장, 외부 : $H = 0$

⑤ 무한장 솔레노이드 : $H = n_0 I$ [AT/m] (여기서, n_0 : 단위 길이당 권수)

　　　내부 : 평등자장, 외부 : $H = 0$

3. 플레밍의 왼손 법칙

① 자장 내에 전류가 흐르고 있는 도체가 받는 힘(전동기)

② $F = (I \times B)l = IB\ell \sin\theta$ [N]

4. 플레밍의 오른손 법칙

① 자장 내의 회전하는 도체가 만드는 유기기전력(발전기)

② $e = (v \times B)l = vB\ell \sin\theta$ [V]

5. 회전력(토크)

① 자성체에 의한 토크 $T = M \times H = MH\sin\theta = mlH\sin\theta$ [N·m]

② 도체에 의한 토크 $T = NIBS\cos\theta = NIB\ell_1\ell_2\cos\theta$ [N·m]

③ 일 $W = \displaystyle\int_0^\theta T d\theta = MH(1 - \cos\theta)$ [J]

6. 평행도선(무한장 평행도선) 사이의 힘

$$F = \dfrac{2I_1 I_2}{r} \times 10^{-7}$$ [N/m]

① 전류가 같은 방향(평행 도선) : 흡인력 발생

② 전류가 반대 방향(왕복 도선) : 반발력 발생

7. 로렌츠의 힘(전하(전자)가 전계와 자계가 있는 공간에 진입 : 전자(전하)는 원운동)

$$F = F_e + F_m = eE + e(v \times B) = e[E + (v \times B)]$$

① 원운동의 반경 : $r = \dfrac{mv}{eB} \propto v$ (전자의 처음 진행속도에 비례)

② 원운동의 각속도 : $\omega = \dfrac{v}{r} = \dfrac{eB}{m}$

③ 원운동의 주파수 : $\omega = 2\pi f = \dfrac{eB}{m}$ 에서 $f = \dfrac{eB}{2\pi m}$

④ 원운동의 주기 : $T = \dfrac{1}{f} = \dfrac{2\pi m}{eB}$

8. 판자석

① 자위 : $U_P = \dfrac{M}{4\pi\mu_0}\omega$

② M : 판자석의 세기 $M = \sigma\delta$ [Wb/m]

9. 전류에 의한 자기현상

① 핀치 효과 : 액체도체에 전류를 흘리면 전류의 방향과 수직방향으로 전자력이 작용하여 액체단면은 수축

② 홀 효과 : 도체나 반도체에 전류를 흘리고 이것과 직각방향으로 자계를 가하면 그 양자와 직각방향으로 기전력이 생기는 현상

③ 스트레치 효과(Stretch Effect) : 자유로이 구부릴 수 있는 도선에 대전류를 통하면 도선 상호간의 반발력에 의하여 도선이 원을 형성하게 되는 현상

CHAPTER 07 필수 기출문제

꼭! 나오는 문제만 간추린

01 자계의 세기를 표시하는 단위와 관계없는 것은? 단, A : 전류, N : 힘, Wb : 자속, H : 인덕턴스, m : 길이의 단위이다.

① [A/m]　　　　　　　　　② [N/Wb]
③ [Wb/h]　　　　　　　　　④ [Wb/Hm]

해설 $F=mH$에서 자계의 세기 $H=\dfrac{F}{m}$[N/Wb]에서

$\left[\dfrac{N}{Wb}\right]=\left[\dfrac{N\cdot m}{Wb\cdot m}\right]=\left[\dfrac{J/Wb}{m}\right]=\left[\dfrac{A}{m}\right]=\left[\dfrac{Wb}{H\cdot m}\right]$

여기서, 인덕턴스 $L=\dfrac{N\phi}{I}$[H]

【답】③

02 공기 중에서 2.5×10^{-4}[Wb]와 4×10^{-3}[Wb]의 두 자극 사이에 작용하는 힘이 6.33[N]이었다면 두 자극간의 거리[cm]는?

① 1　　　　　　　　　② 5
③ 10　　　　　　　　　④ 100

해설 두 자극 사이의 힘(쿨롱의 힘)

$F=\dfrac{m_1 m_2}{4\pi\mu_0 r^2}=6.33\times 10^4 \times \dfrac{m_1 m_2}{r^2}$ 에서

두 자극간의 거리 $r=\sqrt{\dfrac{6.33\times 10^4 \times m_1 m_2}{F}}=\sqrt{\dfrac{6.33\times 10^4 \times 2.5\times 10^{-4}\times 4\times 10^{-3}}{6.33}}=0.1$[m]

따라서 두 자극간의 거리는 10[cm]이다.

【답】③

03 600[AT/m]의 자계 중에 어떤 자극을 놓았을 때 3×10^3[N]의 힘이 작용했다면 이때의 자극의 세기는 몇 [Wb]이겠는가?

① 2　　　　　　　　　② 3
③ 5　　　　　　　　　④ 6

해설 두 자극 사이의 힘 $F=\dfrac{m_1 m_2}{4\pi\mu_0 r^2}=6.33\times 10^4 \times \dfrac{m_1 m_2}{r^2}$

자계의 세기 $H=\dfrac{m}{4\pi\mu_0 r^2}=6.33\times 10^4 \times \dfrac{m}{r^2}$ 에서

$F=mH$

$m=\dfrac{F}{H}=\dfrac{3\times 10^3}{600}=5$[Wb]

【답】③

04 공기 중에서 자극의 세기 m[Wb]인 점자극으로 부터 나오는 총 자력선 수는 얼마인가?

① m　　　② $\mu_0 m$　　　③ m/μ_0　　　④ m^2/μ_0

해설 m[Wb]의 자극으로부터 나오는 자력선 수
$$N=\int_s H\,dS = \frac{m}{\mu_0}\,[\text{개}]$$
【답】③

05 m[Wb]의 점자극에 의한 자계 중에서 r[m] 거리에 있는 점의 자위는?

① r에 비례한다. ② r^2에 비례한다.
③ r에 반비례한다. ④ r^2에 반비례한다.

해설
$$U_P = -\int_\infty^P H\cdot dl = -\int_\infty^P \frac{m}{4\pi\mu_0 r^2}\,dr$$
$$= \frac{m}{4\pi\mu_0}\left[-\frac{1}{r}\right]_r^\infty = \frac{m}{4\pi\mu_0 r} = 6.33\times 10^4 \times \frac{m}{r}\,[\text{A}]$$
자위는 거리 r에 반비례한다.
【답】③

06 ★★★★★ 자기 쌍극자에 의한 자위 U[A]에 해당되는 것은? 단, 자기 쌍극자의 자기모멘트는 M[Wb·m], 쌍극자의 중심으로부터의 거리는 r[m], 쌍극자의 정방향과의 각도는 θ라 한다.

① $6.33\times 10^4 \times \dfrac{M\sin\theta}{r^3}$ ② $6.33\times 10^4 \times \dfrac{M\sin\theta}{r^2}$

③ $6.33\times 10^4 \times \dfrac{M\cos\theta}{r^3}$ ④ $6.33\times 10^4 \times \dfrac{M\cos\theta}{r^2}$

해설
- 자기 쌍극자에 의한 자위 $U = \dfrac{M\cos\theta}{4\pi\mu_0 r^2} = 6.33\times 10^4 \times \dfrac{M\cos\theta}{r^2}$ [AT]
- 자기 쌍극자에 의한 자계의 세기 $H = \dfrac{M}{4\pi\mu_0 r^3}\sqrt{1+3\cos^2\theta} = 6.33\times 10^4 \times \dfrac{M}{r^3}\sqrt{1+3\cos^2\theta}$ [AT/m]

【답】④

07 직선 전류에 의해서 그 주위에 생기는 환상의 자계 방향은?

① 전류의 방향 ② 전류와 반대 방향
③ 오른 나사의 진행 방향 ④ 오른 나사의 회전 방향

해설 암페어 오른손(오른 나사) 법칙
- 오른나사의 진행방향 : 전류의 방향
- 오른나사의 회전방향 : 자장의 방향
반대로 적용하면
- 오른나사의 진행방향 : 자장의 방향
- 오른나사의 회전방향 : 전류의 방향
【답】④

08 ★★★★★ 암페어의 주회 적분의 법칙은 직접적으로 다음의 어느 관계를 표시하는가?

① 전하와 전계 ② 전류와 인덕턴스
③ 전류와 자계 ④ 전하와 전위

해설 암페어 주회 적분 법칙
$$\oint H\cdot dl = nI$$
폐회로에서의 자계의 선적분은 전체 전류의 총합과 같다.
【답】③

09 전류 및 자계와 직접 관련이 없는 것은?
① 앙페르의 오른손 법칙
② 플레밍의 왼손 법칙
③ 비오-사바르의 법칙
④ 렌츠의 법칙

해설
- 앙페르의 오른손 법칙 : 전류가 만드는 자장의 방향
- 플레밍의 왼손 법칙 : 평등자장 내의 전류가 흐르고 있는 도선이 받는 힘
- 비오-사바르 법칙 : 전류가 흐르고 있는 도선에 의해 발생되는 자장
- 렌츠의 법칙 : 전자유도법칙의 기전력의 방향 결정

【답】 ④

10 전류 I[A]에 대한 P점의 자계 H[A/m]의 방향이 옳게 표시된 것은? 단, ⊙은 지면을 나오는 방향, ⊗은 지면으로 들어가는 방향 표시이다.

①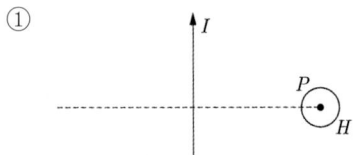
②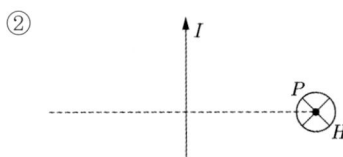
③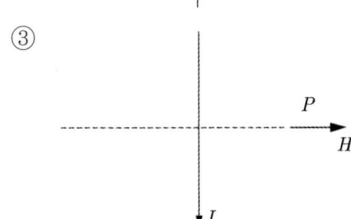
④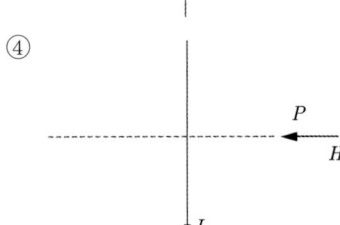

해설 암페어 오른손(오른 나사) 법칙
- 오른나사의 진행방향 : 전류의 방향
- 오른나사의 회전방향 : 자장의 방향

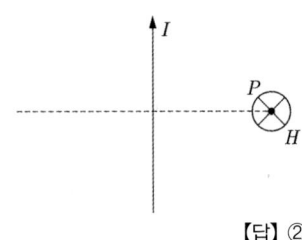

【답】 ②

11 반지름 1[m]의 원형 코일에 1[A]의 전류가 흐를 때 중심점의 자계의 세기[AT/m]는?
① $\frac{1}{4}$
② $\frac{1}{2}$
③ 1
④ 2

해설 원형 코일 중심의 자계의 세기
$H_0 = \frac{1}{2a} = \frac{1}{2 \times 1} = \frac{1}{2}$ [AT/m]

【답】 ②

12 그림과 같이 반원과 두 개의 반무한장 직선 도선에 전류 I[A]가 흐를 때 반원의 중심 자계의 세기[AT/m]는?

① $\dfrac{I}{4a}$ ② $\dfrac{I}{2a}$

③ $\dfrac{I}{a}$ ④ 0

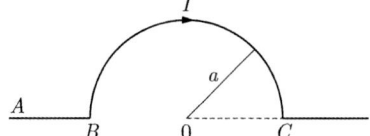

해설 원형 코일에 전류가 흐를 때 중심점의 자계의 세기 $H=\dfrac{I}{2a}$ 에서

반원이므로 전류가 $\dfrac{1}{2}$ 만 흐르므로

$H=\dfrac{I}{2a}=\dfrac{I}{2a}\times\dfrac{1}{2}=\dfrac{I}{4a}$ [AT/m]

【답】①

13 그림과 같이 반지름 a[m]인 원의 임의의 두 점 A, B(각도 θ) 사이에 전류 I[A]가 흐른다. 원의 중심 O에서의 자계의 세기[AT/m]는?

① $\dfrac{I\theta}{4\pi a^2}$ ② $\dfrac{I\theta}{4\pi a}$

③ $\dfrac{I\theta}{2\pi a^2}$ ④ $\dfrac{I\theta}{2\pi a}$

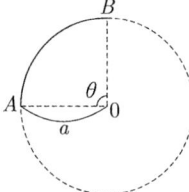

해설 원형 코일에 전류가 흐를 때 중심점의 자계의 세기 $H=\dfrac{I}{2a}$ 에서

$H=\dfrac{I}{2a}=\dfrac{I}{2a}\times\dfrac{\theta}{2\pi}=\dfrac{I\theta}{4\pi a}$ [AT/m]

【답】②

14 그림과 같이 전류 I[A]가 흐르고 있는 직선 도체로부터 r[m] 떨어진 P점의 자계의 세기 및 방향을 바르게 나타낸 것은? 단, ⊗은 지면으로 들어가는 방향, ⊙은 지면으로부터 나오는 방향이다.

① $\dfrac{I}{2\pi r}$, ⊗ ② $\dfrac{I}{2\pi r}$, ⊙

③ $\dfrac{Idl}{4\pi r^2}$, ⊗ ④ $\dfrac{Idl}{4\pi r^2}$, ⊙

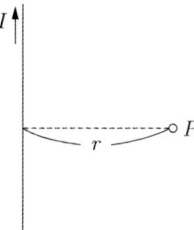

해설 무한장 직선의 자계의 세기

$H=\dfrac{I}{2\pi r}$ [AT/m]

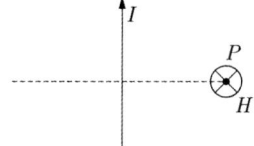

【답】①

15 반지름 25[cm]의 원주형 도선에 π[A]의 전류가 흐를 때 도선의 중심축에서 50[cm] 되는 점의 자계의 세기[AT/m]는? 단, 도선의 길이 l 는 매우 길다.

① 1　　② π　　③ $\frac{1}{2}\pi$　　④ $\frac{1}{4}\pi$

해설 무한장 직선(원주형, 원통형 도선)의 자계의 세기 $H = \frac{I}{2\pi r}$ [AT/m]

$H = \frac{I}{2\pi r} = \frac{\pi}{2\pi \times 0.5} = 1$ [AT/m]

【답】①

16 그림과 같이 평행한 무한장 직선 도선에 I, $4I$인 전류가 흐른다. 두 선 사이의 점 P의 자계 세기가 0이다. a/b는?

① $\frac{a}{b} = 4$　　② $\frac{a}{b} = 2$

③ $\frac{a}{b} = \frac{1}{2}$　　④ $\frac{a}{b} = \frac{1}{4}$

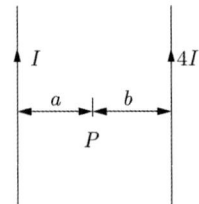

해설 I, $4I$ 도선에 의한 자계의 방향은 서로 반대이므로 크기가 같으면 P 점에서의 합성자계 $H = 0$가 된다.

전류 I 도선에 의한 자계 $H_I = \frac{I}{2\pi a}$ [A/m]

전류 $4I$ 도선에 의한 자계 $H_{4I} = \frac{4I}{2\pi b}$ [A/m]

따라서 $H_I = H_{4I}$ 이므로 $\frac{I}{2\pi a} = \frac{4I}{2\pi b}$ ∴ $\frac{a}{b} = \frac{1}{4}$

【답】④

17 한 변의 길이가 l 인 정삼각형 회로에 I[A]의 전류가 흐를 때 삼각형 중심에서의 자계의 세기 [AT/m]는?

① $\frac{9I}{2l}$　　② $\frac{9I}{2\pi l}$　　③ $\frac{3I}{2\pi l}$　　④ $\frac{3\sqrt{3}\,I}{4\pi a}$

해설 중심점의 자계의 세기

$H = \frac{I}{4\pi a}(\sin\theta_1 + \sin\theta_2) = \frac{I}{4\pi b}\sin\phi \times 2 = \frac{I}{4\pi b}\sin 60° \times 2 = \frac{I}{2\pi b} \times \frac{\sqrt{3}}{2}$

여기서, $\tan 30° = \frac{b}{\frac{l}{2}}$, $b = \frac{l}{2}\tan 30° = \frac{l}{2\sqrt{3}}$ 이므로

삼각형 중심의 자계 ∴ $H = 3H_1 = \frac{3\sqrt{3}}{4}\frac{I}{\pi b} = \frac{3\sqrt{3}}{4} \times \frac{l}{\pi\left(\frac{l}{2\sqrt{3}}\right)} = \frac{9I}{2\pi l}$ [AT/m]

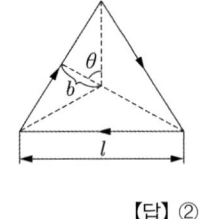

【답】②

18 1변의 길이가 l[m]인 정방형 도체 회로에 직류 I[A]를 흘릴 때 회로의 중심점 자계의 세기[A/m]는?

① $\frac{eI}{2\pi l}$　　② $\frac{\sqrt{2}\,I}{2\pi l}$

③ $\frac{2I}{\pi l}$　　④ $\frac{2\sqrt{2}\,I}{\pi l}$

해설 정사각형 중심점의 자계의 세기

$H = \dfrac{I}{4\pi a}(\sin\theta_1 + \sin\theta_2)$

$\therefore \theta = 45°, \ a = \dfrac{L}{2}$

$H = \dfrac{I}{4\pi(\frac{L}{2})}\left(\dfrac{1}{\sqrt{2}} + \dfrac{1}{\sqrt{2}}\right) = \dfrac{2\sqrt{2}}{\pi} \cdot \dfrac{I}{L}$ [AT/m]이므로

정사각형 도체 중심점의 자계의 세기 $H = \dfrac{2\sqrt{2}I}{\pi l}$ [AT/m]

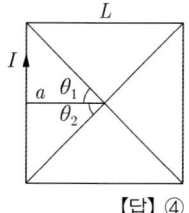

【답】 ④

19 ★★★★★

그림과 같은 무단 환상 솔레노이드 내의 철심 중심의 자계의 세기는 몇 [AT/m]인가? 단, 환상 철심의 평균 반지름 R[m], 코일의 권수 N[회], 코일에 흐르는 전류 I[A]라 한다.

① $\dfrac{NI}{\pi R}$ ② $\dfrac{NI}{2\pi R}$

③ $\dfrac{NI}{4\pi R}$ ④ $\dfrac{NI}{2R}$

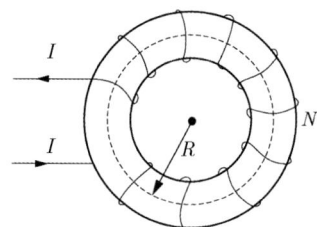

해설 환상(무단) 솔레노이드의 자계의 세기

$\oint_c H dl = H \cdot 2\pi R = NI$

$H = \dfrac{NI}{2\pi R}$ [AT/m]

【답】 ②

20 ★★★★★

무한장 솔레노이드의 외부자계에 대한 설명 중 옳은 것은?

① 솔레노이드 내부의 자계와 같은 자계가 존재한다.

② $\dfrac{1}{2\pi}$의 배수가 되는 자계가 존재한다.

③ 솔레노이드 외부에는 자계가 존재하지 않는다.

④ 권횟수에 비례하는 자계가 존재한다.

해설 무한장 솔레노이드의 자계의 세기
내부 평등자장 : $H = n_0 I$ 여기서, n_0는 길이[m]당 권수
• 코일 외부 $H = 0$

【답】 ③

21 1[cm]당 권수 50인 무한 길이 솔레노이드에 10[mA]의 전류가 흐르고 있을 때 솔레노이드 외부 자계의 세기[AT/m]를 구하면?

① 0 ② 5
③ 10 ④ 50

해설 무한장 솔레노이드의 자계의 세기
내부 평등자장 : $H = n_0 I$ 여기서, n_0는 길이(m)당 권수
코일 외부 $H = 0$

【답】 ①

22 ★★★★★ 그림과 같이 균일한 자계의 세기 H[AT/m] 내에 자극의 세기가 $\pm m$[Wb], 길이 l[m]인 막대자석을 그 중심 주위에 회전할 수 있도록 놓는다. 이때 자석과 자계의 방향이 이룬 각을 θ라 하면 자석이 받는 회전력[N·m]은?

① $mHl\cos\theta$ ② $mHl\sin\theta$
③ $2mHl\sin\theta$ ④ $2mHl\tan\theta$

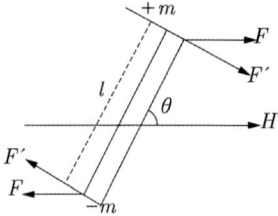

해설 자성체에 의한 토크
$T = M \times H = MH\sin\theta = mlH\sin\theta$
여기서, $M = ml$[Wb·m] : 자기모멘트

【답】②

23 1×10^{-6}[Wb·m]의 자기 모멘트를 가진 봉(棒) 자석을 자계의 수평 성분이 10[AT/m]인 곳에서 자기 자오면으로부터 90° 회전하는 데 필요한 일은 몇 [J]인가?

① 3×10^{-5} ② 2.5×10^{-5}
③ 10^{-5} ④ 10^{-8}

해설 토크 $T = \dfrac{\partial W}{\partial \theta}$ 에서
일 $W = \int_0^\theta T d\theta = MH(1-\cos\theta) = 1 \times 10^{-6} \times 10 \times (1-\cos 90°) = 10^{-5}$[J]

【답】③

24 ★★★★★ 자극의 세기가 8×10^{-6}[Wb], 길이가 30[cm]인 막대자석을 120[AT/m]의 평등 자계 내에 자력선과 30°의 각도로 놓았다면 자석이 받는 회전력[N·m]은?

① 1.44×10^{-4} ② 1.44×10^{-5}
③ 3.02×10^{-4} ④ 3.02×10^{-5}

해설 자성체에 의한 토크
$T = M \times H = MH\sin\theta = mlH\sin\theta$
여기서, $M = ml$[Wb·m] : 자기모멘트
따라서 $T = MH\sin\theta = mlH\sin\theta = 8 \times 10^{-6} \times 30 \times 10^{-2} \times 120 \times \sin 30° = 1.44 \times 10^{-4}$[N·m]

【답】①

25 ★★★★★ 평등 자장 내에 놓여 있는 직선 전류 도선이 받는 힘에 대한 설명 중 옳지 않은 것은?
① 힘은 전류에 비례한다.
② 힘은 자장의 세기에 비례한다.
③ 힘은 도선의 길이에 반비례한다.
④ 힘은 전류의 방향과 자장의 방향과의 사이각의 정현에 관계된다.

해설 플레밍의 왼손 법칙
평등자장 내에서 전류가 흐르고 있는 도선이 받는 힘
$F = (I \times B) l$
따라서 $F = (I \times B) l = IBl\sin\theta$[N]
따라서 힘은 도선의 길이 자장, 전류의 세기에 비례한다.

【답】③

26 1[Wb/m²]의 자속 밀도에 수직으로 놓인 10[cm]의 도선에 10[A]의 전류가 흐를 때 도선이 받는 힘은 몇 [N]인가?

① 0.5
② 1
③ 5
④ 10

해설 플레밍의 왼손 법칙
평등자장 내에서 전류가 흐르고 있는 도선이 받는 힘 $F = (I \times B)l$
따라서 $F = (I \times B)l = IBl\sin\theta = 10 \times 1 \times 0.1 \times \sin 90° = 1[N]$

【답】②

27 전류 I_1[A], I_2[A]가 각각 같은 방향으로 흐르는 평행 도선이 r[m] 간격으로 공기 중에 놓여 있을 때 도선 간에 작용하는 힘은?

① $\dfrac{2I_1I_2}{r} \times 10^{-7}$[N/m], 흡인력
② $\dfrac{2I_1I_2}{r} \times 10^{-7}$[N/m], 반발력
③ $\dfrac{2I_1I_2}{r^2} \times 10^{-3}$[N/m], 흡인력
④ $\dfrac{2I_1I_2}{r^2} \times 10^{-7}$[N/m], 반발력

해설 평행도선(무한장 평행도선) 사이의 힘
$F = \dfrac{\mu_0 I_1 I_2}{2\pi r} = \dfrac{2I_1I_2}{r} \times 10^{-7}$[N/m]
같은 방향 : 흡인력 발생
반대 방향 : 반발력 발생

【답】①

28 진공 중에 간격 $r = 1$[m]로 떨어져 평행하게 놓인 두 전류 I_1, I_2 간에 작용하는 힘이 단위 길이 당 2×10^{-7}[N]이라면 두 전류 I_1, I_2[A]는 얼마인가?

① $I_1 = I_2 = 1$
② $I_1 = I_2 = 2$
③ $I_1 = I_2 = 3$
④ $I_1 = I_2 = 4$

해설 평행도선(무한장 평행도선) 사이의 힘
$F = \dfrac{\mu_0 I_1 I_2}{2\pi r} = \dfrac{2I_1I_2}{r} \times 10^{-7}$[N/m]
$2 \times 10^{-7} = \dfrac{2 \times I^2}{1} \times 10^{-7}$ ∴ $I = 1$[A]

【답】①

29 진공 중에서 e[C]의 전하가 B[Wb/m²]의 자계 안에서 자계와 수직 방향으로 v[m/s]의 속도로 움직일 때 받는 힘[N]은?

① $\dfrac{evB}{\mu_0}$
② $\mu_0 evB$
③ evB
④ $\dfrac{eB}{v}$

해설 로렌츠의 힘 : 전하 q[C]가 속도 v[m/s]로 자계 B[Wb/m²] 내에서 운동할 때 전계 및 자계에서 받는 힘
• 전계에서 받는 힘 : $F = qE$[N]
• 자계에서 받는 힘 : $F_m = q(v \times B)$[N]
$F = e(v \times B) = \mu_0 ev \times H$[N]
$F = \mu_0 evH\sin\theta = \mu_0 evH\sin 90° = \mu_0 evH$[N]

【답】③

30 0.2[C]의 점전하가 전계 $E = 5a_y + a_z$[V/m] 및 자속 밀도 $B = 2a_y + 5a_z$[Wb/m²] 내로 속도 $v = 2a_x + 3a_y$[m/s]로 이동할 때 점전하에 작용하는 힘 F[N]은? 단, a_x, a_y, a_z는 단위 벡터이다.

① $2a_x - a_y + 3a_z$
② $3a_x - a_y + a_z$
③ $a_x + a_y - 2a_z$
④ $5a_x + a_y - 3a_z$

해설 로렌츠의 힘 : 전하 q[C]가 속도 v[m/s]로 자계 B[Wb/m²] 내에서 운동할 때 전계 및 자계에서 받는 힘
$F = q(E + v \times B)$
$= 0.2(5a_y + a_z) + 0.2 \begin{vmatrix} a_x & a_y & a_z \\ 2 & 3 & 0 \\ 0 & 2 & 5 \end{vmatrix}$
$= 0.2(5a_y + a_z) + 0.2(15a_x + 4a_z - 10a_y)$
$= 0.2(15a_x - 5a_y + 5a_z) = 3a_x - a_y + a_z$

【답】 ②

31 평등 자계 내에 수직으로 돌입한 전자의 궤적은?
① 원운동을 하는데, 원의 반지름은 자계의 세기에 비례한다.
② 구면 위에서 회전하고 반지름은 자계의 세기에 비례한다.
③ 원운동을 하고 반지름은 전자의 처음 속도에 비례한다.
④ 원운동을 하고, 반지름은 자계의 세기에 비례한다.

해설 플레밍의 왼손 법칙에 의하여 전자가 받는 힘은 운동 방향에 수직하므로 전자는 원운동을 하며 구심력($F = evB$)과 원심력($F_0 = \frac{mv^2}{r}$)이 같으므로 $evB = \frac{mv^2}{r}$가 된다.
- 원운동의 반경 $r = \frac{mv}{eB} \propto v$
- 원운동의 각속도 $\omega = \frac{v}{r} = \frac{eB}{m}$
- 원운동의 주파수 $\omega = 2\pi f = \frac{eB}{m}$에서 $f = \frac{eB}{2\pi m}$
- 원운동의 주기 $T = \frac{1}{f} = \frac{2\pi m}{eB}$

【답】 ③

32 그림과 같이 가요성 전선으로 직사각형의 회로를 만들어 대전류를 흘렸을 때 일어나는 현상은?
① 변함이 없다.
② 원형이 된다.
③ 마주보는 변끼리 합쳐진다.
④ 이웃하는 변끼리 합쳐진다.

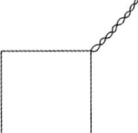

해설 평행도선(무한장 평행도선) 사이의 힘
$F = \frac{\mu_0 I_1 I_2}{2\pi r} = \frac{2I_1 I_2}{r} \times 10^{-7}$ [N/m]
- 같은 방향 : 흡인력 발생
- 반대 방향 : 반발력 발생

도선에 전류가 흐르면 서로 마주보는 변에는 반대 전류가 흐르므로 반발력이 작용하여 원이 된다.

【답】 ②

33 v[m/s]의 속도로 전자가 B[Wb/m²]의 평등 자계에 직각으로 들어가면 원운동을 한다. 이때 각속도 ω[rad/s] 및 주기 T[s]는? 단, 전자의 질량은 m, 전자의 전하는 e이다.

① $\omega = \dfrac{m}{eB}$, $T = \dfrac{eB}{2\pi m}$
② $\omega = \dfrac{eB}{m}$, $T = \dfrac{2\pi m}{eB}$
③ $\omega = \dfrac{mv}{eB}$, $T = \dfrac{2\pi B}{mv}$
④ $\omega = \dfrac{em}{B}$, $T = \dfrac{2\pi m}{Bv}$

해설 플레밍의 왼손 법칙에 의하여 전자가 받는 힘은 운동 방향에 수직하므로 전자는 원운동을 하며 구심력($F = evB$)과 원심력($F_0 = \dfrac{mv^2}{r}$)이 같으므로 $evB = \dfrac{mv^2}{r}$가 된다.

- 원운동의 반경 $r = \dfrac{mv}{eB} \propto v\ --\ --$
- 원운동의 각속도 $\omega = \dfrac{v}{r} = \dfrac{eB}{m}$
- 원운동의 주파수 $\omega = 2\pi f = \dfrac{eB}{m}$에서 $f = \dfrac{eB}{2\pi m}$
- 원운동의 주기 $T = \dfrac{1}{f} = \dfrac{2\pi m}{eB}$

【답】②

34 다음 현상 가운데서 반드시 외부에서 자계를 가할 때만 일어나는 효과는?

① Seebeck 효과
② Pinch 효과
③ Hall 효과
④ Peltier 효과

해설 Hall 효과
- 전류가 흐르고 있는 도체에 자계를 가하면 플레밍의 왼손 법칙에 의하여 도체 내부의 전하가 횡방향으로 힘을 모아 도체 측면에 (+), (−)의 전하가 나타나는 현상

【답】③

35 전류가 흐르고 있는 도체에 자계를 가하면 도체 측면에는 정부의 전하가 나타나 두 면간에 전위차가 발생하는 현상은?

① 핀치 효과
② 톰슨 효과
③ 홀 효과
④ 제베크 효과

해설 홀(Hall)효과 : 전류가 흐르고 있는 도체에 자계를 가하면 도체 측면에는 정부의 전하가 나타나 두 면간에 전위차가 발생하는 현상

【답】③

CHAPTER 08 자성체와 자기회로

자화와 자성체・자화의 세기・자기회로・자기회로의 키르히호프의 법칙・공극(air gap)・경계 조건・히스테리시스 곡선(Hysteresis Loop)

자화와 자성체

자화는 자성체가 자석이 되는 것을 나타낸다.
자화의 근원은 전자의 Spin(자전)운동으로 핵 주위를 회전하는 전자의 궤도운동과 궤도전자 및 핵의 자전운동(spin)에 해당한 미소 전류 루프의 자기쌍극자모멘트 방향이 외부 자계에 의하여 일정 방향으로 배열되는 것을 말한다.

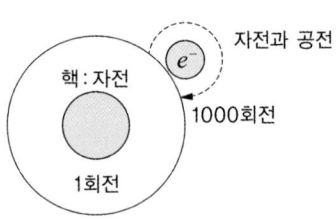

자성체는 자석이 될 수 있는 물체로서 강자성체와 상자성체, 반자성체로 나눌 수 있다.

1 강자성체의 자기모멘트의 크기와 배열

강자성체는 주로 철, 니켈, 코발트를 말하며 비투자율이 $\mu_s \gg 1$이며 인접영구쌍극자의 방향이 동일 방향으로 배열하는 재질이다.

【 강자성체의 자기모멘트의 크기와 배열 】

2 상자성체의 자기모멘트의 크기와 배열

상자성체는 주로 공기, 알루미늄, 백금을 말하며 비투자율이 $\mu_s \geq 1$이며 인접영구쌍극자의 방향이 규칙성 없이 배열하는 재질이다.

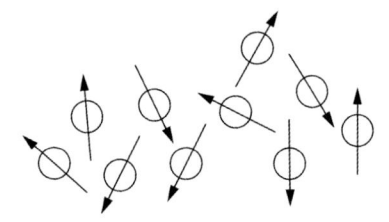

【 상자성체의 자기모멘트의 크기와 배열 】

3 반강자성체의 자기모멘트의 크기와 배열

반(역)자성체는 주로 창연, 구리, 금, 은을 말하며 비투자율이 $\mu_s < 1$이며 인접자기쌍극자가 없는 재질이다.
여기서, 강자성체와 반자성체의 특성이 결합된 반강자성체는 인접 영구자기쌍극자의 배열이 서로 반대인 경우이다.

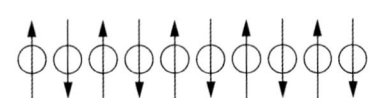

【 반강자성체의 자기모멘트의 크기와 배열 】

일반적으로 자성체로 사용되는 강자성체의 특징은 다음과 같다.
① 고투자율($\mu_s \gg 1$)
② 히스테리시스 특성
③ 자구(magnetic domain)가 존재
    자구는 강자성체는 원자들이 결정을 이룰 때 자기모멘트가 같은 원자들이 일정한 영역에 뭉쳐 단체적으로 행동을 하기 때문에 자성이 강해진다고 보며 이 영역을 자구(磁區, magnetic domain)라 한다.
④ 포화 특성이 존재

또한, 퀴리(Curie) 온도는 자화된 철의 온도를 높일 때 자화가 서서히 감소하다가 급격히 강자성이 상자성으로 변하면서 강자성을 잃어버리는 온도로 순철에서는 770[℃] 정도이다.

자화의 세기

자성체에 자계를 가하면 자석이 되는 것을 자화라고 하며 "자성체 양단면의 단위면적에 발생된 자기량"을 자화의 세기, 자화도(磁化度)라고 한다. 이를 그림으로 나타내면 오른쪽 그림과 같다.

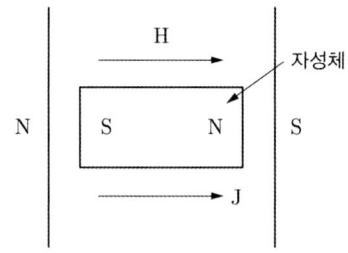

1 자화의 세기

자화의 세기는 자성체 양단면의 단위면적에 발생된 자기량이므로 체적당모멘트로 나타낼 수 있다.

자화의 세기는 $J = \lim\limits_{\Delta V \to 0} \dfrac{\Delta M}{\Delta V} = \lim\limits_{\Delta S \to 0} \dfrac{\Delta m}{\Delta S}$ [Wb/m²]

여기서, 자기모멘트 $M = ml$ [Wb·m]

또한, 자성체의 자속 밀도 $B = B_0 + J$에서

$\mu_0 \mu_s H = \mu_0 H + J$

따라서 자화의 세기 $J = \mu_0(\mu_s - 1)H = \chi H$ [Wb/m²]   여기서, χ는 자화율

자화의 세기를 정리하면 다음과 같다.

$J = \chi H = \mu_0(\mu_s - 1)H = \left(1 - \dfrac{1}{\mu_s}\right)B$ [Wb/m²]

2 자화율

자화율은 자화가 되는 정도를 나타내며 자화율 χ가 $\chi > 0$ 것은 N극 가까운 곳에는 S극이 형성되고 자화율 χ가 $\chi < 0$ 것은 N극 가까운 곳에는 N극이 형성된다는 것을 나타낸다. 보통의 경우 강자성체와 상자성체는 자화율 χ가 $\chi > 0$이며 반(역)자성체는 자화율 χ가 $\chi < 0$를 나타낸다. 이를 정리하면 다음과 같다.

① 강자성체 : $\mu_s \gg 1$, $\chi > 0$

② 상자성체 : $\mu_s \geq 1$, $\chi > 0$

③ 반(역)자성체 : $\mu_s < 1$, $\chi < 0$

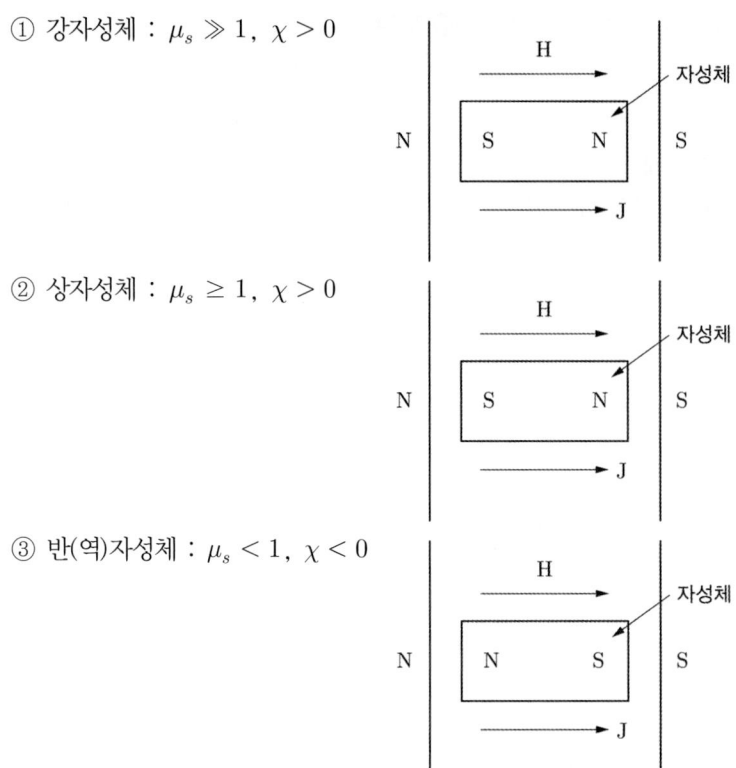

3 강자성체 자화곡선

강자성체 자화곡선은 강자성체의 경우 자계 H를 점차 증가시킴에 따라 물질 내의 자구가 회전을 하므로 자화의 세기 J도 증가하게 되며 자계의 세기 H가 어느 정도 증가하게 되면 전자나 원자의 자기모멘트가 모두 자계의 방향으로 향해 버리기 때문에 J는 포화현상이 나타나게 된다. 그리고 강자성체의 자속밀도는 $B = \mu_0 H + J$이므로 이때, μ_0는 매우 작은 값이므로 자속 밀도 B도 거의 동일한 변화를 가지게 되는데 이러한 곡선을 자화곡선(magnetization curve)이라 한다. 이를 그래프로 나타내면 다음과 같다.

따라서 강자성체의 경우 $J = \lim\limits_{\triangle V \to 0} \dfrac{\triangle M}{\triangle V} = \dfrac{M}{V}$

$$= \mu_0(\mu_s - 1)H = \left(1 - \dfrac{1}{\mu_s}\right)B [\text{Wb/m}^2]$$

강자성체 $\mu_s \gg 1$이므로 J는 B보다 약간 작다.

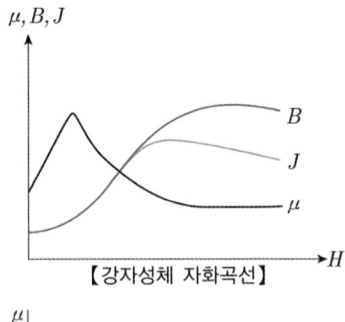

【강자성체 자화곡선】

자화곡선에서의 투자율 곡선은 $B = \mu H$에서 자계가 증가하여도 자속 밀도는 포화되어 더 이상 증가하지 않으므로 투자율은 일정 값 이후에는 자계가 증가하면 감소하게 되며 이를 그래프로 나타내면 오른쪽 그림과 같다.

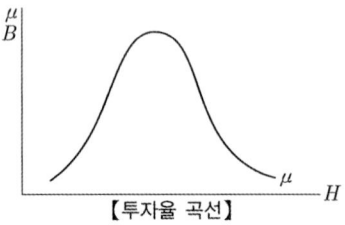

【투자율 곡선】

4 감자력(demagnetization force)

자성체를 평등자계 H_0 내에 놓으면 자성체는 자화되어 양단면에 그림에서 보듯 S극과 N극이 발생한다. 이러한 자극에 의해서 자성체 내부에는 N극에서 S극 방향으로 자기감자계 H'이 발생하며 이는 외부에서 가한 자계 H_0를 감소시키는 방향으로 진행하므로 감자력(demagnetization force)이라 하고 이러한 현상을 감자작용(減磁作用)이라 한다.

감자력은 자성체 내의 자계의 세기를 H라 하면
$H = H_0 - H'$ 여기서, H' : 감자력

여기서, 감자력은 $H' = N\dfrac{J}{\mu_0}$이며

따라서 감자력은 자화의 세기에 비례하며 자성체의 치수나 모양에 의해 결정되는 감자율 N에 비례하게 된다.

감자율의 범위는 다음과 같다.
- $0 \leq N \leq 1$
- 환상 솔레노이드 $N = 0$
- 구자성체 $N = \dfrac{1}{3}$

따라서 자성체의 내부 자계를 구하면

$$H = H_0 - H' = H_0 - N\dfrac{J}{\mu_0} = H_0 - N\dfrac{\mu_0(\mu_s-1)H}{\mu_0} = H_0 - N(\mu_s-1)H$$

$$= \dfrac{H_0}{1+N(\mu_s-1)} \text{ 이며}$$

이때, 자화의 세기는 다음과 같다.

$$J = \chi H = \dfrac{\mu_0(\mu_s-1)}{1+N(\mu_s-1)}H_0$$

5 자기차폐(magnetic shielding)

자기차폐는 어떤 물체를 투자율이 큰 강자성체로 차폐하면 외부로부터의 자기적 영향을 어느 정도 차폐할 수 있는 데 이것을 자기차폐라 하며 투자율이 ∞ 인 자성체는 존재하지 않으므로 완전 차폐는 불가능 하다.

자기회로

전기가 흐르는 통로를 전기회로라고 하는 것과 같이 자속이 통과하는 통로를 자기회로(magnetic circuit) 또는 자로라고 한다. 변압기의 경우로 예를 들면 전원을 인가하여 권선에 전류가 흐르는 부분을 전기 회로라고 본다면 자속이 발생하여 철심을 따라 이동하는 부분은 자기회로로 볼 수 있으며 이때의 철심을 자로라 한다. 이를 그림으로 나타내면 다음과 같다.

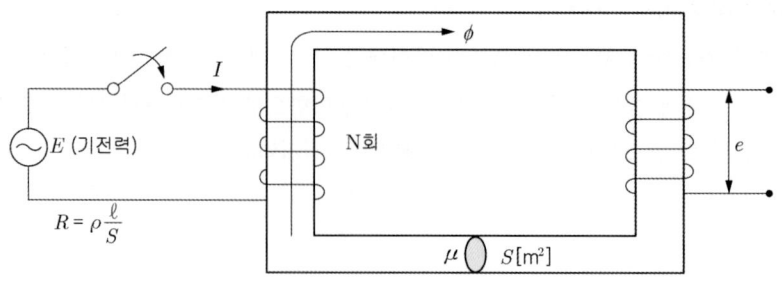

1 전기회로와 자기회로의 비교

자성체의 각 부분의 자속분포를 구하는 경우 전류분포와 같이 생각하여 구하는 방법이 있으며 이를 전기회로와 자기회로와의 유사성이라 하며 이에 따라 전기회로와 자기회로를 비교하면 다음 표와 같다.

전기회로	자기회로
전류 I	자속 ϕ
전기저항 R	자기저항 R_m
컨덕턴스 $\frac{1}{R} = G$	퍼미언스 $\frac{1}{R_m}$
기전력 E	기자력 F_m
도전율 k	투자율 μ
$E = IR$	$F_m = NI = R_m \phi$
$R = \frac{\ell}{kS}$	$R_m = \frac{\ell}{\mu S}$

2 전기회로와 자기회로의 상이점

전기회로와 자기회로에는 유사성뿐만 아니라 상이점도 존재하는데 이것을 전기회로와 비교하여 정리하면 다음과 같다.

① 전기회로 : 전류 밀도는 도전율에 비례한다. $i \propto \sigma\ (i = \sigma E)$

자기회로: 비례한다. $\phi \propto \mu\ (\phi = \frac{\mu SNI}{\ell})$

② 기전력 : $E = IR$[V]

기자력 : $F_m = NI = R_m \phi$[AT]

③ 옴의 법칙

• 전류 $I = \dfrac{E}{R}$[A]

• 자속 $\phi = \dfrac{F_m}{R_m} = \dfrac{NI}{\frac{\ell}{\mu S}} = \dfrac{\mu SNI}{\ell}$[Wb]

④ 전기회로 : $E = IR$
   전압과 전류간의 직선성이 있다.
   자기회로 : $F_m = R_m \phi$
   자속과 기자력 사이에는 비직선성이 있다(포화 특성).

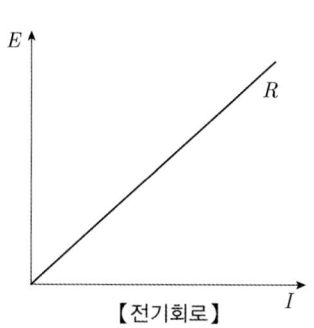
【전기회로】

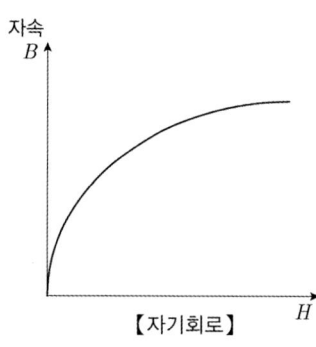
【자기회로】

⑤ 전기회로 : 누설전류는 비교적 적은 편이다.
   자기회로 : 누설자속은 비교적 많은 편이다.

⑥ 손실
   • 전기회로 : I^2R에 의한 손실(주울손)이 존재한다.
   • 자기회로 : I^2R에 의한 손실(주울손)이 존재하지 않으며 철손 $P_i = P_h + P_e$ (히스테리시손+와류손)이 존재한다.

자기회로의 키르히호프의 법칙

자기회로에서도 전기회로와 마찬가지로 키르히호프의 법칙이 성립한다.

1 K.C.L(Kirchhoff's Current Law)
• 마디에 유입되는 모든 자속의 대수합 = 마디에서 유출되는 모든 자속의 대수합
• $\sum \phi$ (유출자속) $= \sum \phi$ (유입자속)
• $\sum_{n=1}^{N} \phi_n = 0$

2 K.V.L(Kirchhoff's Voltage Law)
• 폐로를 따라 단위 전하가 이동하는 데 있어서 소비되는 에너지 = 0
• 폐회로 내에서 기자력의 합은 0이다.
• $\sum F_m = \sum R_m \phi_m = 0$

공극(air gap)

그림과 같이 환상 철심의 일부를 제거한 공극(air gap)이 있는 자기회로는 다음과 같다.

여기서, 공극의 자기저항을 $R_g = \dfrac{l_g}{\mu_0 S}$ 라 하고 철심의 자기저항을 $R_c = \dfrac{l_c}{\mu S}$ 라 하면 전체 자기저항은 $R = R_g + R_c = \dfrac{l_g}{\mu_0 S} + \dfrac{l_c}{\mu S}$ 가 된다.

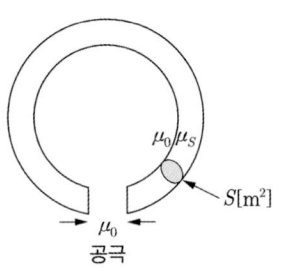

따라서 공극을 추가한 후의 자기저항의 변화는 다음과 같다.

- 공극이 없는 경우 철심의 자기저항 $R_m = \dfrac{l}{\mu S}$
- 공극이 있는 경우 자기저항 $R_m{}' = \dfrac{l_g}{\mu_0 S} + \dfrac{l_c}{\mu S}$ (여기서, $l \fallingdotseq l_c$)

따라서 공극을 추가한 후의 자기저항은 다음과 같다.

$$\dfrac{R_m{}'}{R_m} = 1 + \dfrac{\mu l_g}{\mu_0 l} = 1 + \dfrac{l_g}{l}\mu_s$$

경계 조건

투자율이 μ_1, μ_2인 2개의 자성체가 경계면을 이루고 배치되면 자계와 자속선은 굴절하게 된다. 이때, 경계면은 완전 경계 조건이 적용되며 이 경우 경계면의 전류 밀도가 0이다.

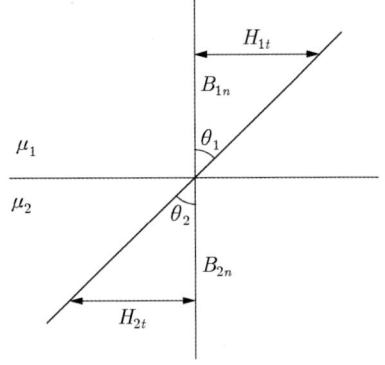

여기서, 경계면에서 완전 경계 조건은 다음의 두 가지 조건을 만족하게 된다.
- 자계의 접선 성분이 연속 : $H_1 \sin\theta_1 = H_2 \sin\theta_2$
- 자속밀도의 법선 성분이 성분 : $B_1 \cos\theta_1 = B_2 \cos\theta_2$

위의 식에서 경계 조건은 $\dfrac{\tan\theta_1}{\tan\theta_2} = \dfrac{\mu_1}{\mu_2}$ 로 된다.

두 개의 유전체가 경계면을 이루는 경우의 특징은 다음과 같다.
① $\mu_1 > \mu_2$일 때 $\theta_1 > \theta_2$, $B_1 > B_2$, $H_1 < H_2$
② 자속은 투자율이 큰 쪽에 모인다.

히스테리시스 곡선(Hysteresis Loop)

히스테리시스 곡선은 자계의 세기의 변화에 따른 자속 밀도의 곡선으로 $B = \mu H$ 곡선이라 하며 이 곡선의 기울기는 μ(투자율)이며 가로축은 자계의 세기(H), 세로축은 자속 밀도(B)가 된다.

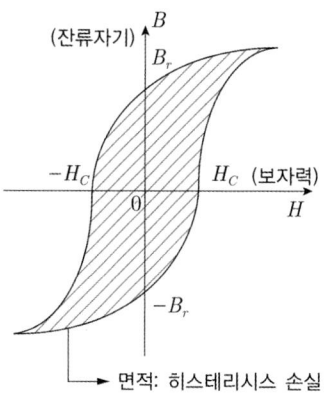

이 곡선은 자계가 증가함에 따라 자속 밀도가 증가하지만 어느 정도가 되면 자속 밀도는 더 이상 증가하지 않고 포화되며 다시 자계를 반대로 가하면 자속밀도가 0이 되지 않고 자성체에 자속이 남게 되며 이것을 잔류자기라 한다. 따라서 자속 밀도를 0으로 하기 위해서는 처음보다 더 많은 자계를 반대로 가해야 하며 자속 밀도를 0으로 하기 위해 가하는 자계를 보자력이라 한다. 이것을 곡선으로 표현한 것이 히스테리시스 곡선이다.
잔류자기와 보자력에 관한 내용을 정리하면 다음과 같다.
$H = 0$인 경우 B_r : 잔류자기
$B = 0$인 경우 H_c : 보자력

자화에 필요한 에너지는 다음과 같다.
$dw = H\,dB$
$w = \int_0^B H\,dB$ 여기서, $H = \dfrac{B}{\mu}$
$= \dfrac{1}{\mu}\int_0^B B\,dB$
$= \dfrac{B^2}{2\mu}\,[\text{J/m}^3]$

따라서 체적당 에너지는 $w = \dfrac{1}{2}\mu H^2 = \dfrac{B^2}{2\mu} = \dfrac{1}{2}HB\,[\text{J/m}^3]$이다.

히스테리시스 손실은 다음과 같다.
$P_h = 4H_c B_r f \times v\,[\text{W}]$ 여기서, v는 체적

또한, 단위 면적당 작용하는 힘(압력)과 흡인력은 다음과 같다.
① 단위 면적당 힘 : $f = \dfrac{1}{2}\mu H^2 = \dfrac{B^2}{2\mu} = \dfrac{1}{2}HB\,[\text{N/m}^2]$
② 흡인력 : $F = f \cdot s = \dfrac{B^2}{2\mu_0} \times s\,[\text{N}]$

히스테리시스 곡선을 통해 영구자석 재료의 조건은 다음과 같이 정리할 수 있다.
① 잔류자기가 클 것
② 보자력이 클 것
③ 히스테리시스 루프의 면적이 클 것

이론 요약

1. 자화의 세기

① $J = \mu_0(\mu_s - 1)H = \chi H = (1 - \dfrac{1}{\mu_s})B = \dfrac{M}{v}$ [Wb/m^2]

② 자기 모멘트 $M = m \cdot \delta$ [Wb·m]

③ 자화율 $\chi = \mu_0(\mu_s - 1)$

④ 자기 감자력 $H' = \dfrac{N}{\mu_o}J$: 자화의 세기(J)에 비례

여기서, N은 감자율로서 구자성체는 $\dfrac{1}{3}$, 환상솔레노이드는 0

2. 자성체의 종류

① 강자성체 : 철, 니켈, 코발트 $\mu_s \gg 1$, 자화율 $\chi > 0$

② 상자성체 : 공기, 알루미늄 $\mu_s \geq 1$, 자화율 $\chi > 0$

③ 반(역)자성체 : 창연, 구리, 금, 은 $\mu_s < 1$, 자화율 $\chi < 0$

④ 자기차폐 : 내부 장치 또는 공간을 물질로 포위시켜 외부 자계의 영향을 차폐시키는 방식
  강자성체 중에서 비투자율이 큰 물질

⑤ 바크하우젠 효과 : 임의의 방향으로 배열되었던 강자성체의 자구가 외부 자기장의 힘이 일정치 이상이 되는 순간에 급격히 회전하여 자기장의 방향으로 배열되고 자속밀도가 증가

3. 전기회로와 자기회로와의 유사성

전기회로	자기회로
전류 I	자속 ϕ
전기저항 R	자기저항 R_m
기전력 V	기자력 F_m
도전율 k	투자율 μ
전계 E	자계 H

4. 경계조건(경계면에 전류밀도가 0, 경계면에 자위차가 없음)

① 자계의 접선성분 연속 : $H_1 \sin\theta_1 = H_2 \sin\theta_2$

② 자속밀도의 법선성분 연속 : $B_1 \cos\theta_1 = B_2 \cos\theta_2$

③ 경계조건 : $\dfrac{\tan\theta_1}{\tan\theta_2} = \dfrac{\mu_1}{\mu_2}$

④ $\mu_1 > \mu_2$일 때 $\theta_1 > \theta_2$, $B_1 > B_2$, $H_1 < H_2$

5. 기자력, 자기저항, 퍼미언스

① 기자력 $F_m = NI = R_m \phi = R_m BS$ [AT]   여기서, B는 자속밀도

② 자기저항 $R_m = \dfrac{\ell}{\mu S} = \dfrac{NI}{\phi} = \dfrac{F_m}{\phi}$ [AT/Wb] : 길이에 비례, 투자율과 면적에 반비례

③ 퍼미언스 : 자기저항의 역수 $\dfrac{1}{R_m}$

6. 자기회로의 옴의 법칙

$$\phi = \dfrac{F_m}{R_m} = \dfrac{\mu SNI}{\ell} \text{[Wb]}$$

7. 자계의 에너지 밀도와 단위면적당 작용하는 힘

① 자계의 에너지 밀도 : $w = \dfrac{1}{2}\mu H^2 = \dfrac{B^2}{2\mu} = \dfrac{1}{2}HB$ [J/m³]

② 단위면적당 작용하는 힘 : $f = \dfrac{1}{2}\mu H^2 = \dfrac{B^2}{2\mu} = \dfrac{1}{2}HB$ [N/m²]

8. 히스테리시스 곡선(B-H곡선)

① 횡축 : 자계의 세기, 종축 : 자속밀도
② 기울기 : 투자율
③ 종축과 만나는 점 : 잔류자기, 횡축과 만나는 점 : 보자력
④ 히스테리시스 손실(히스테리시스곡선 면적)

$$P_h = \eta f B_m^{1.6 \sim 2} = 4H_c B_r \times f \times v \text{[W]}$$ 여기서, v는 체적

9. 영구자석

① 잔류자기가 클 것
② 보자력이 클 것
③ 히스테리시스루프의 면적이 클 것

CHAPTER 08 필수 기출문제

꼭! 나오는 문제만 간추린

01 ★★★★★ 강자성체가 아닌 것은?

① 철　　② 니켈　　③ 백금　　④ 코발트

해설
- 강자성체 : 철(Fe), 니켈(Ni), 코발트(Co)
- 상자성체 : 알루미늄(Al), 백금(Pt), 주석(Sn), 산소(O), 질소(N)
- 반자성체 : 구리(Cu), 은(Ag), 납(Pb)

【답】③

02 아래 그림들은 전자의 자기 모멘트의 크기와 배열 상태를 그 차이에 따라서 배열한 것인데 강자성체에 속하는 것은?

① 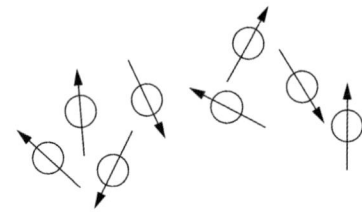　　②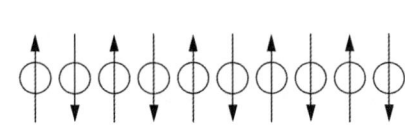

③ 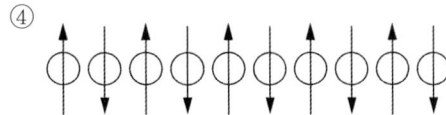　　④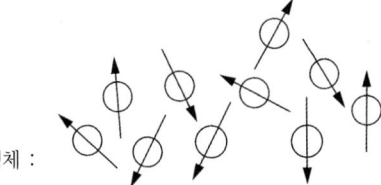

해설 각 자성체의 자기 모멘트의 크기와 배열 상태

강자성체 :

상자성체 :

반강자성체 :

【답】③

03 ★★★★★ 자화율 χ와 비투자율 μ_r의 관계에서 상자성체로 판단할 수 있는 것은?

① $\chi > 0$,　$\mu_r > 1$　　② $\chi < 0$,　$\mu_r > 1$

③ $\chi > 0$,　$\mu_r < 1$　　④ $\chi < 0$,　$\mu_r < 1$

해설
- 강자성체 : 철, 니켈, 코발트 $\mu_s \gg 1$, 자화율 $\chi > 0$
- 상자성체 : 공기, 알루미늄 $\mu_s \geq 1$, 자화율 $\chi > 0$
- 반(역)자성체 : 창연, 구리, 금, 은 $\mu_s < 1$, 자화율 $\chi < 0$

【답】①

04 ★★★★★ 다음 자성체 중 반자성체가 아닌 것은?
① 창연
② 구리
③ 금
④ 알루미늄

해설
- 강자성체 : 철, 니켈, 코발트
- 상자성체 : 공기, 알루미늄
- 반자성체 : 창연, 구리, 금, 은

【답】④

05 자계의 세기가 800[AT/m]이고, 자속 밀도가 0.2[Wb/m²]인 재질의 투자율은 몇 [H/m]인가?
① 2.5×10^{-3}
② 4×10^{-3}
③ 2.5×10^{-4}
④ 4×10^{-4}

해설 자속밀도 $B = \mu H$ 에서
투자율 $\mu = \dfrac{B}{H} = \dfrac{0.2}{800} = 2.5 \times 10^{-4} [\text{H/m}]$

【답】③

06 비투자율 800의 환상 철심 중의 자계가 150[AT/m]일 때 철심의 자속 밀도[Wb/m²]는?
① 12×10^{-2}
② 12×10^2
③ 15×10^2
④ 15×10^{-2}

해설 자속밀도 $B = \mu H$ 에서
$B = \mu H = \mu_0 \mu_s H = 4\pi \times 10^{-7} \times 800 \times 150 = 15 \times 10^{-2} [\text{Wb/m}^2]$

【답】④

07 비투자율 1,000의 철심을 사용한 환상 솔레노이드에서 철심 중의 자계의 세기가 100[A/m]일 때 철심 중의 자화의 세기는 몇 [Wb/m²]인가?
① 0.125
② 12.56
③ 5.51×10^{-3}
④ 6.333×10^{-4}

해설 자화의 세기 : 단위 체적당 자기 모멘트
$J = \chi H = \mu_0(\mu_s - 1)H = \left(1 - \dfrac{1}{\mu_s}\right)B$
$= 4\pi \times 10^{-7} \times (1,000 - 1) \times 100 = 0.125 [\text{Wb/m}^2]$

【답】①

08 ★★★★★ 길이 l[m], 단면적의 지름 d[m]인 원통이 길이 방향으로 균일하게 자하되어 자화의 세기가 J[Wb/m²]인 경우 원통 양단에서의 전자극의 세기는 몇 [Wb]인가?
① $\pi d^2 J$
② $\pi d J$
③ $\dfrac{4J}{\pi d^2}$
④ $\dfrac{\pi d^2 J}{4}$

해설 자화의 세기 : 단위 체적당 자기 모멘트, 면적당 자극

$$J = \lim_{\triangle v \to 0} \frac{\triangle M}{\triangle v} = \frac{M}{V} = \frac{m}{s} \ [\text{Wb/m}^2]$$

따라서 자극의 세기 $m = J \cdot S = J \cdot \frac{\pi}{4} d^2 \ [\text{Wb}]$

여기서, 면적은 원통이므로 $\pi r^2 = \pi \left(\frac{d}{2}\right)^2 = \frac{\pi}{4} d^2$

【답】④

09 ★★★★★ 강자성체의 자속 밀도 B 의 크기와 자화의 세기 J 의 크기 사이에는 어떤 관계가 있는가?

① J 는 B 와 같다.
② J 는 B 보다 약간 작다.
③ J 는 B 보다 대단히 크다.
④ J 는 B 보다 약간 크다.

해설 자화의 세기 : 단위 체적당 자기 모멘트

$$J = \lim_{\triangle v \to 0} \frac{\triangle M}{\triangle v} = \frac{M}{V} = \mu_0 (\mu_s - 1) H = \left(1 - \frac{1}{\mu_s}\right) B \ [\text{Wb/m}^2]$$

여기서, 강자성체 $\mu_s \gg 1$ 이므로 J 는 B 보다 약간 작다.

【답】②

10 자화된 철의 온도를 높일 때 자화가 서서히 감소하다가 급격히 강자성이 상자성으로 변하면서 강자성을 잃어버리는 온도는?

① 켈빈(Kelvin) 온도
② 연화 온도(Transition)
③ 전이 온도
④ 퀴리(Curie) 온도

해설 퀴리(Curie) 온도
자화된 철의 온도를 높일 때 자화가 서서히 감소하다가 급격히 강자성이 상자성으로 변하면서 강자성을 잃어버리는 온도 순철에서는 770[℃]

【답】④

11 ★★★★★ 다음의 관계식 중 성립할 수 없는 것은? 단, μ 는 투자율, χ 는 자화율, μ_0 는 진공의 투자율, J 는 자화의 세기이다.

① $\mu = \mu_0 + \chi$
② $B = \mu H$
③ $\mu_s = 1 + \frac{\chi}{\mu_0}$
④ $J = \chi B$

해설 자화의 세기 : 단위 체적당 자기 모멘트

$$J = \chi H = \mu_0 (\mu_s - 1) H = \left(1 - \frac{1}{\mu_s}\right) B$$

여기서, 자화율 $\chi = \mu_0 (\mu_s - 1) = \mu - \mu_0$ 에서 $\mu = \chi + \mu_0 \ \mu_s = 1 + \frac{\chi}{\mu_0}$

【답】④

12 ★★★★★ 감자력은?

① 자계에 반비례한다.
② 자극의 세기에 반비례한다.
③ 자화의 세기에 비례한다.
④ 자속에 반비례한다.

해설 자기감자력 $H' = \frac{N}{\mu_o} J$: 자화의 세기(J)에 비례

여기서, N 은 감자율이며 구자성체는 $\frac{1}{3}$ 이며 환상 솔레노이드는 0이다.

【답】③

13 ★★★★★ 다음 중 감자율이 0인 것은?

① 가늘고 짧은 막대 자성체
② 굵고 짧은 막대 자성체
③ 가늘고 긴 막대 자성체
④ 환상 솔레노이드

해설 자기감자력

$H' = \dfrac{N}{\mu_o} J$: 자화의 세기(J)에 비례

여기서, N은 감자율이며 구자성체는 $\dfrac{1}{3}$ 이며 환상 솔레노이드는 0이다. 【답】④

14 ★★★★★ 구자성체의 감자율은?

① 1　　② $\dfrac{1}{2}$　　③ $\dfrac{1}{3}$　　④ $\dfrac{1}{4}$

해설 자기감자력 $H' = \dfrac{N}{\mu_o} J$: 자화의 세기(J)에 비례

여기서, N은 감자율이며 구자성체는 $\dfrac{1}{3}$ 이며 환상 솔레노이드는 0이다. 【답】③

15 ★★★★★ 내부 장치 또는 공간을 물질로 포위시켜 외부 자계의 영향을 차폐시키는 방식을 자기 차폐라 한다. 자기 차폐에 좋은 물질은?

① 강자성체 중에서 비투자율이 큰 물질
② 강자성체 중에서 비투자율이 작은 물질
③ 비투자율이 1보다 작은 역자성체
④ 비투자율에 관계없이 물질의 두께에만 관계되므로 되도록 두꺼운 물질

해설 자기차폐란 어떤 물체를 투자율이 큰 강자성체로 둘러쌈으로서 외부로부터의 자기적 영향을 감소시키는 차폐법이다. 따라서 강자성체 중에서 비투자율이 큰 물질이 적당하다. 【답】①

16 전기회로에서 도전도[℧/m]에 대응하는 것은 자기회로에서 무엇인가?

① 자속
② 기자력
③ 투자율
④ 자기 저항

해설 전기회로와 자기회로의 비교

전기회로	자기회로
전류 I	자속 ϕ
전기저항 R	자기저항 R_m
기전력 E	기자력 F_m
도전율 k	**투자율 μ**
$E = IR$	$F_m = NI = R_m \phi$
$R = \dfrac{\ell}{kS}$	$R_m = \dfrac{\ell}{\mu S}$

【답】③

17 자기회로와 전기회로의 대응 관계를 표시하였다. 잘못된 것은?

① 자속–전속
② 자계–전계
③ 기자력–기전력
④ 투자율–도전율

해설 자기회로와 전기회로의 대응 관계

전기회로	자기회로
전류 I	자속 ϕ
전기저항 R	자기저항 R_m
기전력 E	기자력 F_m
도전율 k	투자율 μ
$E = IR$	$F_m = NI = R_m \phi$
$R = \dfrac{\ell}{kS}$	$R_m = \dfrac{\ell}{\mu S}$

【답】①

18 100회 감은 코일에 2.5[A]의 전류가 흐른다면 기자력은 몇 [AT]이겠는가?

① 250
② 500
③ 1,000
④ 2,000

해설 기자력 $F_m = NI$[AT] 이므로
$F_m = NI = 100 \times 2.5 = 250$[AT]

【답】①

19 철심이 든 환상 솔레노이드에서 1,000[AT]의 기자력에 의하여 철심 내에 5×10^{-5}[Wb]의 자속이 통하면 이 철심 내의 자기 저항은 몇 [AT/Wb]가 되겠는가?

① 5×10^2
② 2×10^7
③ 5×10^{-2}
④ 2×10^{-7}

해설 기자력 $F_m = NI = R_m \phi$에서 $R_m = \dfrac{F}{\phi} = \dfrac{NI}{\phi} = \dfrac{1000}{5 \times 10^{-5}} = 200 \times 10^5 = 2 \times 10^7$[AT/Wb]

【답】②

20 자기회로의 단면적 S[m²], 길이 ℓ[m], 비투자율 μ_s, 진공의 투자율 μ_0[H/m]일 때의 자기 저항은?

① $\dfrac{l}{\mu_0 \mu_s S}$
② $\dfrac{\mu_0 \mu_s l}{S}$
③ $\dfrac{S}{\mu_0 \mu_s l}$
④ $\dfrac{\mu_0 \mu_s S}{l}$

해설 자기 저항
$R_m = \dfrac{l}{\mu S} = \dfrac{l}{\mu_0 \mu_s S}$ 이므로 따라서 자기 저항은 투자율에 반비례한다.

【답】①

21 막대 철심의 단면적이 0.5[m²], 길이가 1.6[m], 비투자율이 200이다. 이 철심의 자기 저항은 몇 [AT/Wb]인가?

① 7.8×10^4 ② 1.3×10^5
③ 3.8×10^4 ④ 9.7×10^5

해설 자기저항
$$R_m = \frac{l}{\mu_0 \mu_s S} = \frac{1.6}{4\pi \times 10^{-7} \times 20 \times 0.5} = 1.27 \times 10^5 \text{[AT/Wb]}$$

【답】②

22 자기 저항의 역수를 무엇이라 하는가?

① conductance ② permeance
③ elastance   ④ impedance

해설 $\frac{1}{R_m}$: 퍼미언스(permeance), 자기저항의 역수

【답】②

23 ★★★★★ 자기회로의 자기 저항은?

① 자기회로의 단면적에 비례 ② 투자율에 반비례
③ 자기회로의 길이에 반비례 ④ 단면적에 반비례하고 길이의 제곱에 비례

해설 자기 저항
$R_m = \frac{l}{\mu S} = \frac{l}{\mu_0 \mu_s S}$ 이므로 따라서 자기 저항은 투자율에 반비례한다.

【답】②

24 단면적이 같은 자기회로가 있다. 철심의 투자율을 μ라 하고 철심 회로의 길이를 l이라 한다. 지금 그 일부에 미소 공극 l_0을 만들었을 때 자기회로의 자기 저항은 공극이 없을 때의 약 몇 배인가?

① $1 + \frac{\mu l}{\mu_0 l_0}$ ② $1 + \frac{\mu l_0}{\mu_0 l}$
③ $1 + \frac{\mu_0 l}{\mu_0 l_0}$ ④ $1 + \frac{\mu_0 l_0}{\mu l}$

해설 공극이 없는 경우 철심의 자기저항 $R_m = \frac{l}{\mu S}$

공극이 있는 경우 자기저항 $R_m' = \frac{l_g}{\mu_0 S} + \frac{l_c}{\mu S}$ (여기서, $l \fallingdotseq l_c$)

따라서 $\frac{R_m'}{R_m} = 1 + \frac{\mu l_g}{\mu_0 l} = 1 + \frac{l_g}{l} \mu_s = 1 + \frac{\mu l_g}{\mu_0 l}$

【답】②

25 단면적 $S[m^2]$, 길이 $l[m]$, 투자율 $\mu[H/m]$의 자기회로에 N 회의 코일을 감고 $I[A]$의 전류를 통할 때의 옴의 법칙은?

① $B = \dfrac{\mu SNI}{l}$
② $\phi = \dfrac{\mu SI}{lN}$
③ $\phi = \dfrac{\mu SNI}{l}$
④ $\phi = \dfrac{l}{\mu SNI}$

해설 기자력 $F_m = NI = R_m\phi$에서

자속 $\phi = \dfrac{NI}{R_m} = \dfrac{NI}{\dfrac{l}{\mu S}} = \dfrac{\mu SNI}{l}$ [Wb]

【답】③

---

26 공심 환상 솔레노이드의 단면적이 10[cm²], 평균 자로 길이가 20[cm], 코일의 권수가 500회, 코일에 흐르는 전류가 2[A]일 때 솔레노이드의 내부 자속[Wb]은 약 얼마인가?

① $4\pi \times 10^{-4}$
② $4\pi \times 10^{-6}$
③ $2\pi \times 10^{-4}$
④ $2\pi \times 10^{-6}$

해설 기자력 $F_m = NI = R_m\phi$에서

자속 $\phi = \dfrac{NI}{R_m} = \dfrac{NI}{\dfrac{l}{\mu S}} = \dfrac{\mu SNI}{l} = \dfrac{4\pi \times 10^{-7} \times 10 \times 10^{-4} \times 500 \times 2}{0.2} = 2\pi \times 10^{-6}$ [Wb]

【답】④

---

27 투자율이 다른 두 자성체가 평면으로 접하고 있는 경계면에서 전류 밀도가 0일 때 성립하는 경계 조건은?

① $\mu_2 \tan\theta_1 = \mu_1 \tan\theta_2$
② $\mu_1 \cos\theta_1 = \mu_2 \cos\theta_2$
③ $B_1 \sin\theta_1 = B_2 \cos\theta_2$
④ $\mu_1 \tan\theta_1 = \mu_2 \tan\theta_2$

해설 자성체의 완전 경계 조건
- 자계의 접선 성분이 연속 $H_1 \sin\theta_1 = H_2 \sin\theta_2$
- 자속밀도의 법선 성분이 연속 $B_1 \cos\theta_1 = B_2 \cos\theta_2$
- 경계 조건 : $\dfrac{\tan\theta_1}{\tan\theta_2} = \dfrac{\mu_1}{\mu_2}$

【답】①

---

28 두 자성체의 경계면에서 경계 조건을 설명한 것 중 옳은 것은?

① 자계의 성분은 서로 같다.
② 자계의 법선 성분은 서로 같다.
③ 자속 밀도의 법선 성분은 서로 같다.
④ 자속 밀도의 접선 성분은 서로 같다.

해설 자성체의 경계 조건
- 자계의 접선 성분이 연속 : $H_{1T} = H_{2T}$, $H_1 \sin\theta_1 = H_2 \sin\theta_2$
- 자속밀도의 법선 성분이 연속 : $B_{1N} = B_{2N}$, $B_1 \cos\theta_1 = B_2 \cos\theta_2$
- 경계 조건 : $\dfrac{\tan\theta_1}{\tan\theta_2} = \dfrac{\mu_1}{\mu_2}$

【답】③

29 자기회로에 대한 키르히호프의 법칙 중 옳은 것은?

① 수개의 자기회로가 1점에서 만날 때는 각 회로의 기자력의 대수합은 0이다.
② 수개의 자기회로가 1점에서 만날 때는 각 회로의 자속과 자기 저항을 곱한 것의 대수합은 0이다.
③ 하나의 폐자기회로에 대하여 각 분로의 기자력과 자기 저항을 곱한 것의 대수합은 폐자기회로에 작용하는 자속의 대수합과 같다.
④ 하나의 폐자기회로에 대하여 각 분로의 자속과 자기 저항을 곱한 것의 대수합은 폐자기회로에 작용하는 기자력의 대수합과 같다

해설 자기회로의 키르히호프의 법칙
K.C.L(Kirchhoff's Current Law)
• 마디에 유입되는 모든 자속의 대수합 = 마디에서 유출되는 모든 자속의 대수합
• $\sum \phi$ (유출자속) $= \sum \phi$ (유입자속)
• $\sum_{n=1}^{N} \phi_n = 0$

K.V.L(Kirchhoff's Voltage Law)
• 폐로를 따라 단위 전하가 이동하는데 있어서 소비되는 에너지 = 0
• 폐회로 내에서 기자력의 합은 0이다.
• $\sum F_m = \sum R_m \phi_m = 0$

【답】④

30 자계의 세기 H [AT/m], 자속 밀도 B [Wb/m²], 투자율 μ [H/m]인 곳의 자계의 에너지 밀도[J/m³]는?

① BH
② $\frac{1}{2\mu}H^2$
③ $\frac{1}{2}\mu H$
④ $\frac{1}{2}BH$

해설 자계의 에너지 밀도
$w = \frac{1}{2}BH = \frac{B^2}{2\mu} = \frac{1}{2}\mu H^2 [\text{J/m}^3]$

【답】④

31 ★★★★★ 비투자율이 2,000인 철심의 자속 밀도가 5[Wb/m²]일 때 이 철심에 축적되는 에너지 밀도는 몇 [J/m³]인가?

① 2,540 ② 3,074 ③ 3,954 ④ 4,976

해설 자화에 필요한 에너지 $w = \frac{1}{2}\mu H^2 = \frac{B^2}{2\mu} = \frac{1}{2}BH[\text{J/m}^3]$에서
$w = \frac{B^2}{2\mu} = \frac{5^2}{2 \times 4\pi \times 10^{-7} \times 2,000} \fallingdotseq 4,976[\text{J/m}^3]$

【답】④

32 전자석의 흡인력은 자속 밀도를 B라 할 때 어떻게 되는가?

① B에 비례
② $B^{\frac{3}{2}}$에 비례
③ $B^{1.6}$에 비례
④ B^2에 비례

해설 자화에 필요한 에너지

$$w = \frac{1}{2}\mu H^2 = \frac{B^2}{2\mu} = \frac{1}{2}BH[\text{J/m}^3][\text{N/m}^2]$$에서

흡인력(힘) $F = \dfrac{B^2}{2\mu_0} \times S[\text{N}]$

여기서, 흡인력은 자속밀도의 제곱(B^2)에 비례한다.

【답】④

33 ★★★★★
그림과 같이 Gap의 단면적 $S[\text{m}^2]$의 전자석에 자속 밀도 $B[\text{Wb/m}^2]$의 자속이 발생될 때 철편을 흡입하는 힘은 몇 [N]인가?

① $\dfrac{B^2 S}{2\mu_0}$ ② $\dfrac{B^2 S}{\mu_0}$

③ $\dfrac{B^2 S^2}{\mu_0}$ ④ $\dfrac{2B^2 S^2}{\mu_0}$

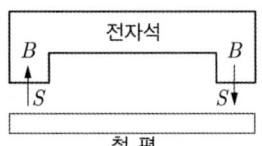

해설 자화에 필요한 에너지

$$w = \frac{1}{2}\mu H^2 = \frac{B^2}{2\mu} = \frac{1}{2}BH[\text{J/m}^3][\text{N/m}^2]$$에서

흡인력(힘) $F = \dfrac{B^2}{2\mu_0} \times 2S[\text{N}]$

$\therefore F = \dfrac{B^2 S}{\mu_0}[\text{N}]$

【답】②

34 ★★★★★
히스테리시스 곡선이 종축과 만나는 좌표는?

① 잔류 자기   ② 보자력
③ 기자력   ④ 포화 자속

해설 히스테리시스 곡선 $B = \mu H$
• 횡축 : 자계(H), 종축 : 자속 밀도(B)
• 곡선과 **종축**이 만나는 점 : 잔류 자기(B_r)
• 곡선과 횡축이 만나는 점 : 보자력(H_c)

【답】①

35
그림과 같은 모양의 자화곡선을 나타내는 자성체 막대를 충분히 강한 평등자계 중에서 매분 3,000회 회전시킬 때 자성체는 단위 체적당 약 몇 [kcal/sec]의 열이 발생하는가? 단, $B_r = 2$ [Wb/m²], $H_L = 500$[AT/m], $B = \mu[H]$에서 $\mu \neq$일정

① 11.7   ② 47.8
③ 70.2   ④ 200

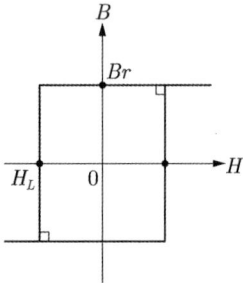

해설 히스테리시스루프의 면적은 체적당 에너지이므로
$w = 4H_c B_r [\text{J/m}^3]$이며
단위체적당에너지는 $w = 4H_c B_r [\text{J}][\text{W/sec}]$이며
단위체적당 전력은 $P = 4H_c B_r f[\text{W}]$에서

$$= 4 \times 500 \times 2 \times \frac{3,000}{60} \times 10^{-3} = 200 [\text{kW}]$$

여기서, 1[J]=0.24[cal]이므로
열량은 $H = 0.24 \times 200 = 48 [\text{kcal/sec}]$

【답】②

36 ★★★★★ 영구 자석에 관한 설명 중 옳지 않은 것은?

① 히스테리시스 현상을 가진 재료만이 영구 자석이 될 수 있다.
② 보자력이 클수록 자계가 강한 영구 자석이 된다.
③ 잔류 자속 밀도가 높을수록 자계가 강한 영구 자석이 된다.
④ 자석 재료로 폐회로를 만들면 강한 영구 자석이 된다.

해설 **영구자석**
- 잔류자속과 보자력이 클 것
- 히스테리시스 루프의 면적이 클 것
- 한번 자화된 다음에는 자기를 영구적으로 보존하는 자석

강한 영구자석 : 외부에서 큰 자계를 가할 것

【답】④

37 ★★★★★ 강자성체의 $B-H$ 곡선을 자세히 관찰하면 매끈한 곡선이 아니라 자속밀도가 어느 순간 급격히 계단적으로 증가 또는 감소하는 것을 알 수 있다. 이러한 현상을 무엇이라 하는가?

① 퀴리점(Curie point)
② 자왜현상(Magneto-striction)
③ 바크하우젠 효과(Barkhausen effect)
④ 자기여자 효과(Magnetic after effect)

해설 **바크하우젠 효과(Barkhausen effect)**
$B-H$ 곡선에서 자속밀도 B가 계단적으로 증감하는 것
자성체 내에서 임의의 방향으로 배열되었던 자구가 외부자장의 힘이 일정치 이상이 되면 순간적으로 회전하여 자장의 방향으로 배열되기 때문에 자속 밀도가 증가하는 현상

【답】③

CHAPTER 09 전자유도

패러데이-렌츠의 전자유도 법칙 · Maxwell의 전자 방정식 · 플레밍의 왼손 법칙 · 플레밍의 오른손 법칙 · 원판 회전 시 유도기전력 · 와전류(Eddy Current) · 표피 효과(Skin Effect)

전자유도현상(電磁誘導現象)은 하나의 회로에 쇄교하는 자속 ϕ의 시간적 변화에 의해서 기전력이 유기되는 현상을 말한다.

패러데이-렌츠의 전자유도 법칙

패러데이-렌츠의 전자유도 법칙은 패러데이 법칙과 렌츠의 법칙이 합성된 것으로 전자유도에 의해 기전력에 관한 법칙이다.

1 패러데이 법칙(Faraday'law)

"전자유도에 의해 회로에 발생하는 기전력은 자속 쇄교수의 시간에 대한 감쇠율에 비례하며 권수에 비례한다." 법칙으로 유기기전력의 크기를 나타내는 법칙으로 다음의 식으로 나타낸다.

$e = \dfrac{d\lambda}{dt} = N\dfrac{d\phi}{dt}$ [V]   여기서, $\dfrac{d\phi}{dt}$: 자속의 감쇠율

2 렌츠의 법칙(Lenz' law)

"전자 유도에 의해 회로에 발생하는 기전력은 자속의 증감을 방해하는 방향으로 발생된다." 법칙으로 기전력의 방향을 나타내는 것이다.

따라서 패러데이-렌츠의 법칙을 나타내면

유기기전력 : $e = -\dfrac{d\lambda}{dt} = -N\dfrac{d\phi}{dt}$ [V]로 구할 수 있다.

여기서, 자속 $\phi = \phi_m \sin\omega t$ [Wb]인 정현파로 변화하는 자속이 인가될 때

유기기전력 $e = -N\dfrac{d\phi}{dt} = -N\dfrac{d}{dt}(\phi_m \sin\omega t) = -N\phi_m \omega \cos\omega t$

$= \omega N\phi_m \sin\left(\omega t - \dfrac{\pi}{2}\right)$ [V]이며 따라서 유기기전력은 자속보다 $\dfrac{\pi}{2}$ 만큼 늦다.

유기기전력은 $e = -N\dfrac{d\phi}{dt} = -N\dfrac{d}{dt}(\phi_m \sin\omega t) = -N\phi_m \omega \cos\omega t$

$= \omega N\phi_m \sin\left(\omega t - \dfrac{\pi}{2}\right)$ [V]이며

유기기전력의 최대값은 $E_m = \omega N\phi_m = 2\pi f N\phi_m$ [V]가 된다.

Maxwell의 전자 방정식

1 폐회로에 유기되는 기전력

유기기전력 $e = -\dfrac{d\phi}{dt}$ 에서 $\phi = \displaystyle\int_s B \, dS$

$= -\dfrac{d}{dt}\displaystyle\int_s B \, dS = -\displaystyle\int_s \dfrac{\partial B}{\partial t} \, dS$

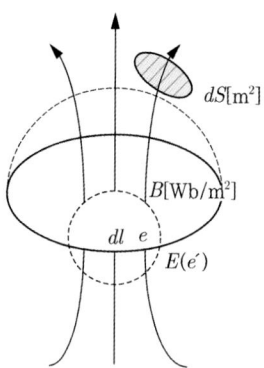

2 전계 E에 의해서 발생한 기전력

$e' = \displaystyle\oint_c E \, d\ell$

위의 식에서 만약에 손실이 없다고 가정하면 $e = e'$가 되며 따라서 $\displaystyle\oint_c E \, d\ell = -\displaystyle\int_s \dfrac{\partial B}{\partial t} \, dS$

여기서, 스토크스의 정리를 적용하면

$\displaystyle\oint_c E \, d\ell = -\displaystyle\int_s rot\, E \, dS$

$\therefore \displaystyle\int_s rot\, E \, dS = -\displaystyle\int_s \dfrac{\partial B}{\partial t} \, dS$

$\therefore rot\, E = -\dfrac{\partial B}{\partial t}$

여기서, $\therefore rot\, E = -\dfrac{\partial B}{\partial t}$ 를 패러데이-렌츠의 미분형이라 하며 Maxwell의 전자 방정식이 된다.

플레밍의 왼손 법칙

플레밍의 왼손 법칙은 자계 중에서 전류가 흐르는 도체가 받는 힘으로 전자력이라고도 한다. 이 힘에 의해 전동기의 경우 토크가 발생하므로 전동기의 원리가 된다.

플레밍의 왼손 법칙은 엄지손가락이 힘의 방향을, 둘째 손가락이 자장의 방향을, 가운뎃손가락이 전류의 방향을 나타낸다.

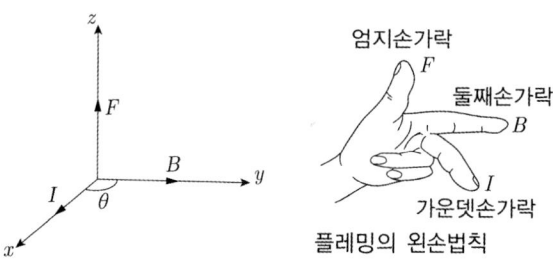

플레밍의 왼손법칙

이것을 전동기에 적용하여 구하면 아래의 그림과 같은 방향에 힘을 받게 된다.

09 전자유도

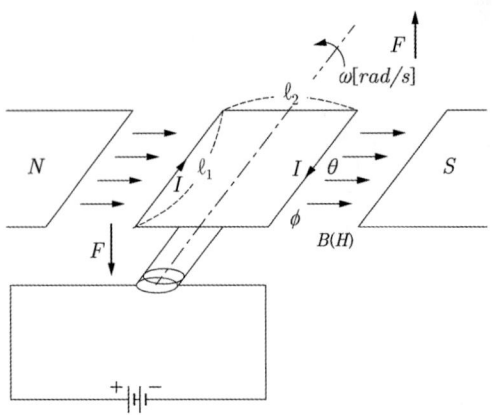

따라서 자계 중에서 전류가 흐르는 도체가 받는 힘은 다음과 같다.

$$F = (I \times B)l = IBl\sin\theta \, [\text{N}]$$

플레밍의 오른손 법칙

플레밍의 오른손 법칙은 자계 중에서 도체가 운동하면 기전력이 발생된다는 것으로 발전기의 원리가 된다.

플레밍의 오른손법칙은 엄지손가락이 운동의 방향을 둘째 손가락이 자장의 방향을 가운뎃손가락이 기전력의 방향을 나타낸다.

이것을 발전기에 적용하여 구하면 아래의 그림과 같은 방향으로 기전력이 발생된다.

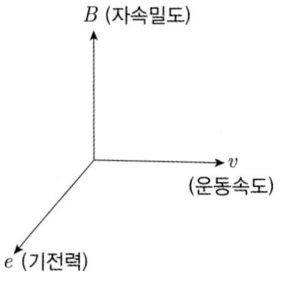

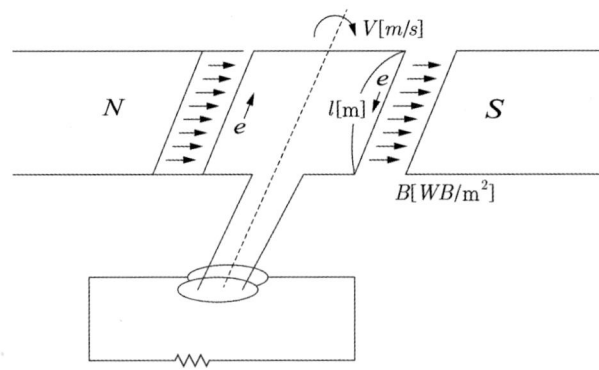

따라서 자계 중에서 운동 중인 도체가 발생하는 기전력은 다음과 같다.

$$e = (v \times B)l = vBl\sin\theta \, [\text{V}]$$

원판 회전 시 유도기전력

그림과 같은 패러데이의 원판 발전기에서 자속 밀도 $B[\text{Wb/m}^2]$의 일정한 자계 내에서 반지름 $a[\text{m}]$인 도체원판이 자계와 평행한 중심축의 주위를 각속도 $\omega[\text{rad/s}]$로 회전할 때의 기전력은 다음과 같다.

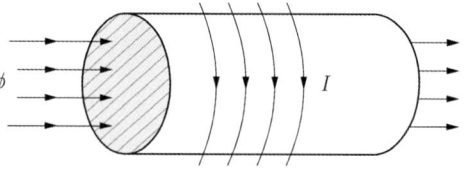

각속도 $\omega = \dfrac{v}{r}$이므로 회전 속도 $v = r\omega$

따라서 원판 회전 시 유기기전력은 다음과 같다.

$$e = \int (v \times B)\, dr = \int_0^a vB\, dr = \int_0^a r\omega B\, dr$$
$$= \omega B \left[\dfrac{r^2}{2}\right]_0^a = \dfrac{\omega B a^2}{2}\,[\text{V}]$$

여기서, 유기기전력에 의해 흐르는 유도전류는 다음과 같다.

$$I = \dfrac{e}{R} = \dfrac{\omega B a^2}{2R}\,[\text{A}]$$

와전류(Eddy Current)

그림과 같이 자속 ϕ가 도체의 단면을 통과할 때 도체의 표면에 수직 방향으로 회전하는 전류가 발생하는데, 이 전류를 와전류라 한다.

패러데이-렌츠 법칙의 미분형을 이용하면

$rot\, E = -\dfrac{\partial B}{\partial t}$ (여기서, $i = kE$)

$rot\, \dfrac{i}{k} = -\dfrac{\partial B}{\partial t}$

$rot\, i = -k\dfrac{\partial B}{\partial t}$

따라서 와전류는 도체에 자속이 흐를 때, 이 자속에 수직되는 면을 회전한다.

와전류가 도체 내에 발생하면 정상 전류 분포에 영향을 주며 동시에 와전류에 의한 주울열이 생겨서 전력 손실을 발생하는데 이 손실을 와전류 손실(eddy current loss)이라 한다.
와전류 손실을 나타내는 식은 다음과 같다.

$$P_e = \sigma_e (t f k_f B_m)^2\,[\text{W}]$$

여기서, σ_e는 와류손 상수, t는 두께, k_f는 파형률, B_m은 최대 자속 밀도

표피 효과(Skin Effect)

표피 효과는 도선의 중심부로 갈수록 전류 밀도가 적어지는 현상으로 표피 두께(침투 깊이)가 적을수록 표피 효과는 심해지게 된다.
여기서, δ : 표피 두께 또는 침투 두께(Skin depth)

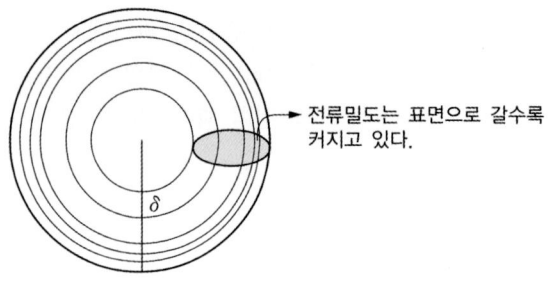

→ 전류밀도는 표면으로 갈수록 커지고 있다.

침투 깊이(표피 두께)는 다음과 같다.
$$\delta = \sqrt{\frac{2}{\omega \mu k}} = \sqrt{\frac{1}{\pi f \mu k}}$$
여기서, μ : 투자율, k : 도전율, f : 주파수

따라서 주파수, 투자율, 도전율이 클수록 침투 깊이가 작아지며 표피 효과가 커진다.

이론 요약

1. 패러데이-렌쯔의 전자유도 법칙

$$e = -N\frac{d\phi}{dt}$$

기전력은 권수에 비례하고 자속의 증감의 반대 방향으로 발생

여기서, (-)는 기전력의 방향으로 렌쯔의 법칙

2. 와전류

도체에 자속이 흐를 때, 이 자속에 수직되는 면을 회전

$$rot\ i = -k\frac{\partial B}{\partial t}$$

와류손 $P_e = \sigma_e(tfk_fB_m)^2$ 여기서, σ_e는 와류손 상수, k_f는 파형률, B_m은 최대자속밀도

3. 표피효과

① 침투 깊이 : $\delta = \sqrt{\dfrac{2}{\omega\mu k}} = \dfrac{1}{\sqrt{\pi f \mu k}}$

② 침투 깊이가 작을수록 즉 f, μ, k가 클수록 표피효과가 커진다.

CHAPTER 09 필수 기출문제

꼭! 나오는 문제만 간추린

01 전자 유도 법칙과 관계없는 것은?
① 노이만(Neumann)의 법칙
② 렌츠(Lentz)의 법칙
③ 비오사바르(Biot Savart)의 법칙
④ 가우스(Gauss)의 법칙

해설 전자유도의 법칙 : 노이만(Neumann)의 법칙, 렌츠(Lentz)의 법칙
비오사바르(Biot Savart)의 법칙
패러데이 법칙 $e = -\dfrac{d\lambda}{dt} = -N\dfrac{d\phi}{dt}$
렌쯔의 법칙 : 자속방향과 기전력과의 관계에 관한 법칙 【답】④

02 ★★★★★
권수 500[회]의 코일 내를 통하는 자속이 다음 그림과 같이 변화하고 있다. $\overline{bc}$ 기간 내에 코일 단자 간에 생기는 유기 기전력[V]은?
① 1.5
② 0.7
③ 1.4
④ 0

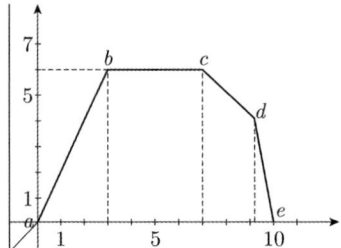

해설 유기기전력 $e = -N\dfrac{d\phi}{dt}$ 에서
$\overline{bc}$ 기간에는 자속의 변화가 없으므로 $e = -N\dfrac{d\phi}{dt} = -500 \times \dfrac{0}{4} = 0[V]$ 【답】④

03 10[A]를 흘리고 있는 도체가 20[Wb/s]의 자속을 끊었을 때 이 기계의 전력[W]은?
① 2
② 200
③ 2,000
④ 4,000

해설 기전력 $e = \dfrac{d\phi}{dt} = \dfrac{20}{1} = 20[V]$
전력 $P = e \cdot i = 20 \times 10 = 200[W]$ 【답】②

04 자속 $\phi[Wb]$가 주파수 $f[Hz]$로 정현파 모양의 변화를 할 때, 즉 $\phi = \phi_m \sin 2\pi ft[Wb]$일 때, 이 자속과 쇄교하는 회로에 발생하는 기전력은 몇 [V]인가? 단, N은 코일의 권회수이다.
① $-\pi fN\phi_m \cos 2\pi ft$
② $-2\pi fN\phi_m \cos 2\pi ft$
③ $-\pi fN\phi_m \sin 2\pi ft$
④ $-2\pi fN\phi_m \sin 2\pi ft$

해설 유기기전력 $e = -N\dfrac{d\phi}{dt} = -N\dfrac{d}{dt}(\phi_m \sin 2\pi ft) = -2\pi f N \phi_m \cos 2\pi ft \,[\text{V}]$ 【답】②

05 ★★★★★ 패러데이의 법칙에 대한 설명으로 가장 적합한 것은?
① 전자 유도에 의해 회로에 발생하는 기전력은 자속 쇄교수의 시간에 대한 증가율에 비례한다.
② 전자 유도에 의해 회로에 발생하는 기전력은 자속의 변화를 방해하는 반대 방향으로 기전력이 유도된다.
③ 정전 유도에 의해 회로에 발생하는 기자력은 자속의 변화 방향으로 유도된다.
④ 전자 유도에 의해 회로에 발생하는 기전력은 자속 쇄교수의 시간에 대한 감쇠율에 비례한다.

해설 패러데이 법칙 $e = -\dfrac{d\lambda}{dt} = -N\dfrac{d\phi}{dt}$
전자 유도에 의해 회로에 발생하는 기전력은 자속 쇄교수의 시간에 대한 감쇠율에 비례 【답】④

06 ★★★★★ 100회 감은 코일과 쇄교하는 자속이 $\dfrac{1}{10}$초 동안에 0.5[Wb]에서 0.3[Wb]로 감소했다. 이때 유기되는 기전력은 몇 [V]인가?
① 20
② 200
③ 80
④ 800

해설 유기기전력
$e = -N\dfrac{d\phi}{dt} = -100 \times \dfrac{0.3 - 0.5}{\dfrac{1}{10}} = 200\,[\text{V}]$ 【답】②

07 ★★★★★ 자속밀도 B[Wb/m²]의 평등 자계 내에서 길이 l[m]인 도체 ab가 속도 v[m/s]로 그림과 같이 도선을 따라서 자계와 수직으로 이동할 때, 도체 ab에 의해 유기된 기전력의 크기 e[V]와 폐회로 abcd 내 저항 R에 흐르는 전류의 방향은? (단, 폐회로 abcd 내 도선 및 도체의 저항은 무시한다.)

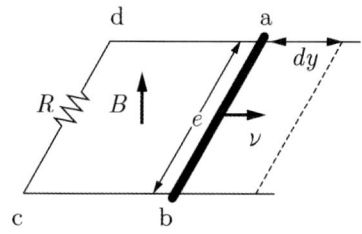

① $e = Blv$, 전류 방향 : c → d
② $e = Blv$, 전류 방향 : d → c
③ $e = Blv^2$, 전류 방향 : c → d
④ $e = Blv^2$, 전류 방향 : d → c

해설 플레밍의 오른손 법칙(유기기전력)
유기기전력 $e = (v \times B)l = vBl\sin\theta$에서
자속과 운동방향이 수직이므로 $\theta = 90°$
 유기기전력 : $e = vBl$
 방향 : c → d 【답】①

08 ★★★★★ 0.2[Wb/m²]의 평등 자계 속에 자계와 직각 방향으로 놓인 길이 30[cm]의 도선을 자계와 30° 각의 방향으로 30[m/s]의 속도로 이동시킬 때 도체 양단에 유기되는 기전력은 몇 [V]인가?

① $0.9\sqrt{3}$
② 0.9
③ 1.8
④ 90

해설 플레밍의 오른손 법칙에 의한 유기기전력
$e = (v \times B)l = vBl\sin\theta = 0.2 \times 0.3 \times 30 \times \sin 30° = 0.9[V]$

【답】②

09 자계 중에 이것과 직각으로 놓인 도체에 $I[A]$의 전류를 흘릴 때 $f[N]$의 힘이 작용하였다. 이 도체를 $v[m/s]$의 속도로 자계와 직각으로 운동시킬 때의 기전력 $e[V]$는?

① $\dfrac{fv}{I_2}$
② $\dfrac{fv}{I}$
③ $\dfrac{fv^2}{I}$
④ $\dfrac{fv}{2I}$

해설 플레밍의 왼손법칙
평등자장 내의 전류가 흐르고 있는 도선이 받는 힘
$F = (I \times B)l = IBl\sin\theta$에서 직각으로 작용하므로 $\theta = 90°$이므로
$F = IBl$에서 $Bl = \dfrac{F}{I}$
유기기전력 $e = (v \times B)l = vBl\sin\theta = v\dfrac{F}{I} = \dfrac{Fv}{I}[V]$

【답】②

10 ★★★★★ 어떤 도체에 교류 전류가 흐를 때 도체에서 나타나는 표피 효과에 대한 설명으로 틀린 것은?
① 도체 중심부보다 도체 표면부에 더 많은 전류가 흐르는 것을 표피 효과라 한다.
② 전류의 주파수가 높을수록 표피 효과는 작아진다.
③ 도체의 도전율이 클수록 표피 효과는 커진다.
④ 도체의 투자율이 클수록 표피 효과는 커진다.

해설 표피효과 : 도선의 중심부로 갈수록 전류밀도가 적어지는 현상
• 침투깊이 : $\delta = \sqrt{\dfrac{2}{\omega\mu k}} = \sqrt{\dfrac{2}{\omega\mu k}}$
따라서 주파수, 투자율, 도전율이 클수록 침투깊이가 작아진다(표피효과가 커진다).

【답】②

11 ★★★★★ 주파수 $f = 100[MHz]$일 때 구리의 표피 두께(skin depth)는 대략 몇 [mm]인가? 단, 구리의 도전율은 $5.8 \times 10^7[℧/m]$, 비투자율은 1이다.

① 3.3×10^{-2}
② 6.61×10^{-2}
③ 3.3×10^{-3}
④ 6.61×10^{-3}

해설 침투깊이
$\delta = \sqrt{\dfrac{2}{\omega\mu\sigma}} = \sqrt{\dfrac{1}{\pi f\mu\sigma}} = \dfrac{1}{\sqrt{\pi \times 100 \times 10^6 \times 4\pi \times 10^{-7} \times 5.8 \times 10^7}}$
$= 6.61 \times 10^{-3}[mm]$

【답】④

12 와전류의 방향은?

① 일정치 않다.
② 자력선 방향과 동일
③ 자계와 평행되는 면을 관통
④ 자속에 수직되는 면을 회전

해설

와전류 $rot\, E = -\dfrac{\partial B}{\partial t}$ (여기서, $i = kE$)

$rot\, \dfrac{i}{k} = -\dfrac{\partial B}{\partial t}$

$rot\, i = -k\dfrac{\partial B}{\partial t}$

따라서 와전류는 도체에 자속이 흐를 때, 이 자속에 수직되는 면을 회전한다.

【답】④

CHAPTER 10 인덕턴스

인덕턴스(Inductance)·인덕턴스의 접속(합성 인덕턴스)·인덕턴스 계산·인덕터에서의 에너지·벡터 퍼텐셜(Vector Potential) : A

인덕턴스(Inductance)

인덕턴스는 자기 인덕턴스(self-inductance)와 상호 인덕턴스(mutual inductance)가 있다.

1 자기 인덕턴스(self-inductance)

자기 인덕턴스(self-inductance)는 자신의 회로에 단위전류가 흐를 때 자신과 쇄교하는 전 자속수를 나타내며 항상 (+) 값이 된다.

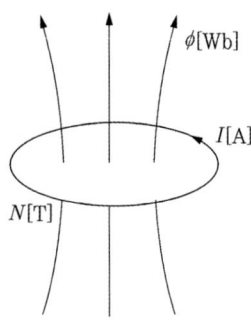

① 자계에서의 기자력은 다음과 같다.

$$F = R\phi = NI\,[\text{AT}]$$

$$\frac{\phi}{I} = \frac{N}{R}$$

② 자계에서의 자기저항(magnetic resistance)은 다음과 같다.

$$R_m = \frac{l}{\mu S}\,[\text{AT/Wb}]$$

$$\phi = \frac{F}{R_m} = \frac{NI}{R_m}\,[\text{Wb}]$$

③ 인덕턴스(inductance)는 전류에 대한 자속 쇄교수로 나타내며 다음과 같이 구한다.

$$L = \frac{N\phi}{I} = \frac{N^2}{R_m} = \frac{N^2}{\dfrac{l}{\mu S}} = \frac{\mu S N^2}{l}\,[\text{H}]$$

따라서 자기 인덕턴스는 권수의 제곱에 비례한다.

② **자기 인덕턴스 계산법**

- $L = \dfrac{N\phi}{I}$ [H]

- 인덕터에서의 에너지 $W = \dfrac{1}{2}LI^2$ 에서 $L = \dfrac{2W}{I^2}$ 이며

  체적당 에너지 $w = \dfrac{1}{2}\mu H^2 = \dfrac{B^2}{2\mu} = \dfrac{1}{2}HB$ [J/m³] 에서

  $W = \int w\, dv = \int \dfrac{1}{2} HB\, dv$ [J] 이므로

  인덕턴스 $L = \dfrac{2W}{I^2} = \dfrac{\int_v BH\, dv}{I^2}$ [H] 가 된다.

- 벡터 퍼텐셜 A를 이용하면

  $B = \nabla \times A$ 이며

  자속 $\phi = \int B\, ds = \int \nabla \times A\, ds$ 로 표시하며

  스토크스의 정리를 적용하면 $\phi = \int \nabla \times A\, ds = \int A\, dl$ 이 된다.

  인덕턴스는 $L = \dfrac{N\phi}{I}$ 에서 $N = 1$ 이라 하면 $L = \dfrac{\phi}{I} = \dfrac{\int A\, dl}{I}$ 이며

  위, 아래에 I를 곱하면 $L = \dfrac{\int A\,I\, dl}{I^2} = \dfrac{\int A\,i\, dv}{I^2}$ [H] 로 나타낼 수 있다.

③ **상호 인덕턴스(mutual inductance)**

상호 인덕턴스(mutual inductance)는 두 회로 사이의 관계이며 두 코일에 흐르는 전류가 만드는 자속이 같은 방향이면 (+), 반대방향이면 (−)가 된다.

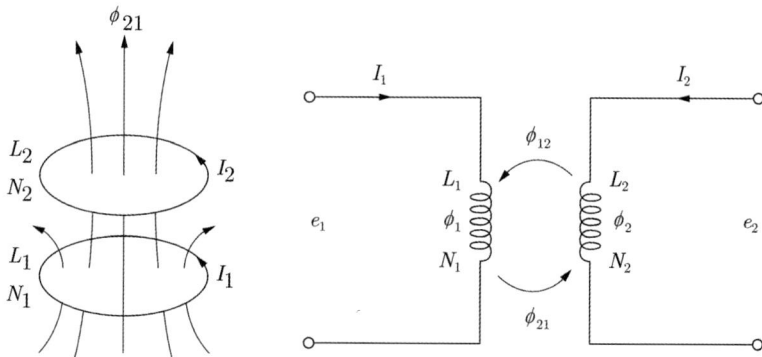

① 전류 I_1에 의해서 2차 측에 만들어지는 상호 인덕턴스는 다음과 같다.

$$M_{21} = \dfrac{N_2 \phi_{21}}{I_1} = \dfrac{N_2 \dfrac{N_1 I_1}{R}}{I} = \dfrac{N_1 N_2}{R_m} = \dfrac{\mu S N_1 N_2}{l}\ [\text{H}]$$

② 전류 I_2에 의해서 1차 측에 만들어지는 상호 인덕턴스는 다음과 같다.

$$M_{12} = \frac{N_1 \phi_{12}}{I_2} = \frac{N_1 \frac{N_2 I_2}{R}}{I_2} = \frac{N_1 N_2}{R_m} = \frac{\mu S N_1 N_2}{l} \ [\text{H}]$$

③ 일반적으로 상호 인덕턴스 $M = M_{21} = M_{12}$이며

따라서 $M = M_{21} = M_{12} = \dfrac{N_1 N_2}{R_m} = \dfrac{\mu S N_1 N_2}{l} \ [\text{H}]$

여기서, 자기 인덕턴스는 $L_1 = \dfrac{N_1^2}{R}$, $L_2 = \dfrac{N_2^2}{R}$이며

$$L_1 L_2 = \frac{N_1^2}{R} \frac{N_2^2}{R} = \left(\frac{N_1 N_2}{R}\right)^2 = M^2$$

따라서 상호 인덕턴스는 $M = k\sqrt{L_1 L_2}$이며

누설자속에 의한 계수인 결합계수는 $k = \dfrac{M}{\sqrt{L_1 L_2}}$이며

일반적인 경우 결합계수는 $0 \leq k \leq 1$가 된다.

여기서, $k = 1$이면 완전결합(이상결합) 상태이며 $k = 0$는 미결합인 상태이다.

4 자기 인덕턴스와 상호 인덕턴스와의 관계

① 자기 인덕턴스 $L_1 = \dfrac{N_1^2}{R_m}$, $L_2 = \dfrac{N_2^2}{R_m}$

② 상호 인덕턴스 $M = \dfrac{N_1 N_2}{R_m}$

③ 자기 인덕턴스와 상호 인덕턴스와의 관계 $M = \dfrac{N_2}{N_1} L_1$

5 인덕턴스의 전압, 전류

① 기전력 $e_1 = -L_1 \dfrac{di_1}{dt} = -M \dfrac{di_2}{dt}$

$e_2 = -L_2 \dfrac{di_2}{dt} = -M \dfrac{di_1}{dt}$

② 단자전압 $v_L = L \dfrac{di}{dt}$

③ 전류 $i = \dfrac{1}{L} \int v_L \, dt$

6 노이만의 공식(Neumann's formula)

2개의 회로 C_1, C_2가 있을 때 각 회로상에 취한 미소 부분을 dl_1, dl_2, 두 미소 부분 간의 거리를 r이라 하면 C_1, C_2 회로 간의 상호 인덕턴스 구하는 방법은 다음과 같다.

벡터 퍼텐셜은 $A_{21} = \dfrac{\mu}{4\pi} \int \dfrac{I}{r} dl = \dfrac{\mu I_1}{4\pi} \oint_{C1} \dfrac{1}{r} dl_1$ 이며

자속 $\phi_{21} = \oint_{C2} A \cdot dl = \oint_{C2} \dfrac{\mu I_1}{4\pi} \oint_{C1} \dfrac{1}{r} dl_1 dl$ 이므로

$$= \dfrac{\mu I_1}{4\pi} \oint_{C2} \oint_{C1} \dfrac{1}{r} dl_1 dl_2$$

따라서 상호인덕턴스는 다음과 같다.

$$\begin{aligned} M_{21} &= \dfrac{N\phi_{21}}{I_1} = \dfrac{1}{I_1} \phi_{21} \\ &= \dfrac{1}{I_1} \dfrac{\mu I_1}{4\pi} \oint_{c1} \oint_{c2} \dfrac{1}{r} dl_1 dl_2 \\ &= \dfrac{\mu}{4\pi} \oint_{c1} \oint_{c2} \dfrac{1}{r} dl_1 dl_2 \end{aligned}$$

인덕턴스의 접속(합성 인덕턴스)

인덕턴스의 접속은 직렬 연결과 병렬 연결이 있으며 연결 시 자속이 같은 방향으로 형성되는 가동접속과 자속이 반대 방향으로 형성되는 차동접속으로 구성된다.

1 직렬 연결

인덕턴스의 직렬 연결은 연결 시 자속이 같은 방향으로 형성되는 가동접속과 자속이 반대 방향으로 형성되는 차동접속으로 구성된다.

① 가동결합(가극성) : 자속 방향이 같을 경우

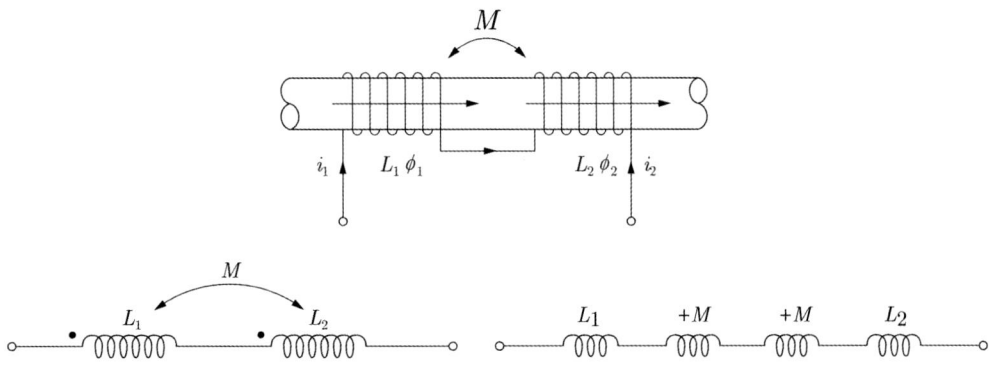

따라서 합성 인덕턴스는 다음과 같다.

$$L_0 = L_1 + L_2 + 2M \text{ [H]}$$

② 차동결합(감극성) : 자속 방향이 반대일 경우

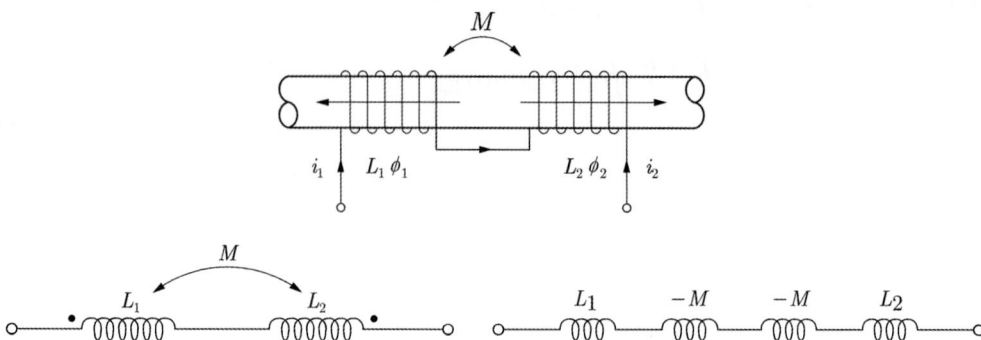

따라서 합성 인덕턴스는 다음과 같다.

$$L_0 = L_1 + L_2 - 2M \ [\text{H}]$$

2 병렬 연결

인덕턴스의 병렬 연결은 연결 시 자속이 같은 방향으로 형성되는 가동접속과 자속이 반대 방향으로 형성되는 차동접속으로 구성된다.

① 가동결합

그림에서와 같이 등가회로로 구성하면 다음과 같다.

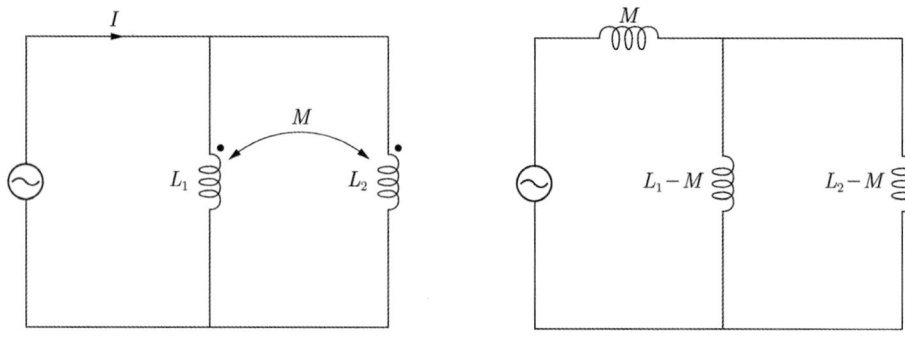

합성 인덕턴스는 $L_0 = M + \dfrac{(L_1 - M)(L_2 - M)}{L_1 - M + L_2 - M}$

$= \dfrac{L_1 M + L_2 M - 2M^2 + L_1 L_2 - L_1 M - L_2 M + M^2}{L_1 + L_2 - 2M}$

$= \dfrac{L_1 L_2 - M^2}{L_1 + L_2 - 2M} \ [\text{H}]$

② 차동결합(감극성)

그림에서와 같이 등가회로로 구성하면 다음과 같다.

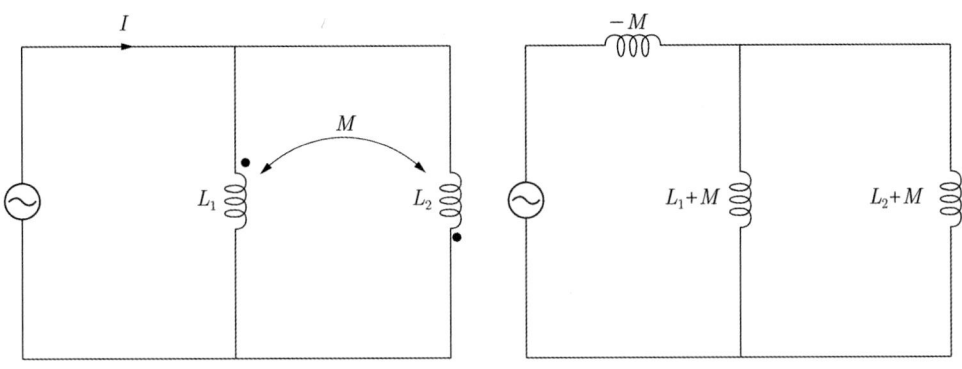

합성 인덕턴스는 $L_0 = -M + \dfrac{(L_1+M)(L_2+M)}{L_1+M+L_2+M}$

$= \dfrac{-L_1M - L_2M - 2M^2 + L_1L_2 + L_1M + L_2M + M^2}{L_1 + L_2 + 2M}$

$= \dfrac{L_1L_2 - M^2}{L_1 + L_2 + 2M}$ [H]

인덕턴스 계산

일반적인 인덕턴스의 계산은 다음의 방법으로 한다.

자계의 세기 $\int H\,dl = NI$

↓

자속 밀도 $B = \mu H$

↓

자속 $\phi = \int B\,ds$

↓

인덕턴스 $L = \dfrac{N\phi}{I}$ [H]

1 환상 솔레노이드의 인덕턴스 계산

① 자계의 세기 $\int H\,dl = NI$

$H = \dfrac{NI}{2\pi r}$ [AT/m]

② 자속밀도 $B = \mu H$

$B = \mu H = \mu \dfrac{NI}{2\pi r} = \dfrac{\mu NI}{l}$

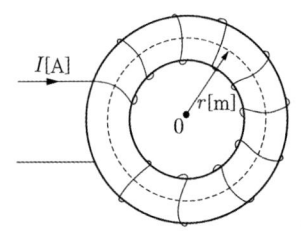

N회

③ 자속 $\phi = \int B\,ds = \dfrac{\mu s NI}{l}$ [Wb]

④ 인덕턴스 $L = \dfrac{N\phi}{I}$ [H]

$\qquad = \dfrac{N}{I} \times \dfrac{\mu s NI}{l} = \dfrac{\mu s N^2}{l}$ [H]

2 무한장 솔레노이드의 인덕턴스 계산

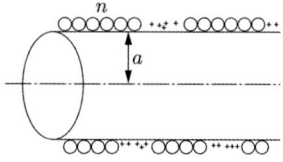

① 자계의 세기 $\int H\,dl = NI$

$\qquad H = \dfrac{NI}{2\pi r}$ [AT/m]

② 자속 밀도 $B = \mu H$

$\qquad B = \mu H = \mu \dfrac{NI}{2\pi r} = \dfrac{\mu NI}{l}$

③ 자속 $\phi = \int B\,ds = \dfrac{\mu s NI}{l}$ [Wb]

④ 인덕턴스 $L = \dfrac{N\phi}{I}$ [H]

$\qquad = \dfrac{N}{I} \times \dfrac{\mu s NI}{l} = \dfrac{\mu s N^2}{l}$ [H]

여기서, [m]당 권수를 n이라 하면

$L = \dfrac{\mu s N^2}{l} = \dfrac{\mu s (nl)^2}{l} = \mu s n^2 l$ [H]

단위 길이당 인덕턴스는 $L_i = \mu s n^2$ [H/m]이다.

$L_i = \mu s n^2 = \mu \pi a^2 n^2$ [H/m] 　　여기서, 면적 $s = \pi a^2$ [m^2]

3 동축 케이블의 인덕턴스 계산

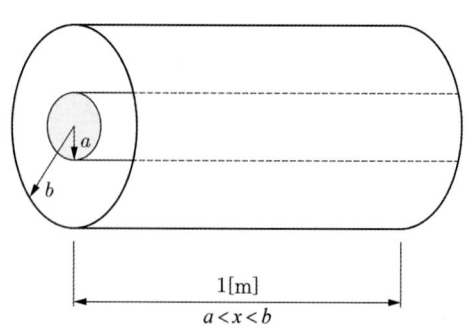

① 자계의 세기 $\int H\,dl = NI$

$\qquad H = \dfrac{I}{2\pi r}$ [AT/m]

② 자속밀도 $B = \mu H$

$\qquad B = \mu H = \dfrac{\mu I}{2\pi r}$

③ 자속 $\phi = \int B\,ds = \dfrac{\mu I l}{2\pi}\int_a^b \dfrac{1}{r}\,dl\,[\text{Wb}]$

④ 인덕턴스 $L = \dfrac{N\phi}{I}\,[\text{H}]$

$= \dfrac{1}{I} \times \dfrac{\mu I l}{2\pi} \ln \dfrac{b}{a}$

$= \dfrac{\mu l}{2\pi} \ln \dfrac{b}{a}\,[\text{H}]$

여기서, 단위 길이당 인덕턴스 $L' = \dfrac{\mu}{2\pi} \ln \dfrac{b}{a}\,[\text{H/m}]$이다.

4 평행왕복도선의 인덕턴스 계산

① 자계의 세기
$H = \dfrac{I}{2\pi}\left(\dfrac{1}{x} + \dfrac{1}{d-x}\right)[\text{AT/m}]$

② 자속 밀도
$B = \mu H = \dfrac{\mu I}{2\pi}\left(\dfrac{1}{x} + \dfrac{1}{d-x}\right)$

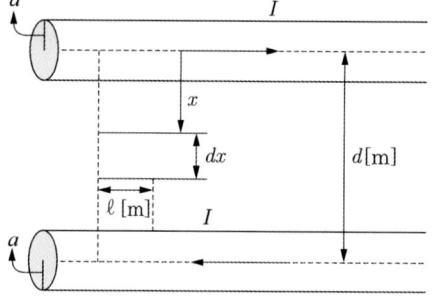

③ 자속 $\phi = \int B\,ds$

$= \dfrac{\mu I}{2\pi}\int_a^{d-a}\left(\dfrac{1}{x} + \dfrac{1}{d-x}\right)ds$

$= \dfrac{\mu I l}{2\pi}\int_a^{d-a}\left(\dfrac{1}{x} + \dfrac{1}{d-x}\right)dx$

$= \dfrac{\mu I l}{2\pi}\ln\left(\dfrac{d-a}{a}\right)^2\,[\text{Wb}]$

여기서, $d \gg a$이므로 $d - a \fallingdotseq d$

$= \dfrac{\mu I l}{2\pi}\ln\left(\dfrac{d}{a}\right)^2 = \dfrac{\mu I l}{\pi}\ln\dfrac{d}{a}$

④ 인덕턴스 $L = \dfrac{\phi}{I} = \dfrac{1}{I} \times \dfrac{\mu I l}{\pi}\ln\dfrac{d}{a}\,[\text{H}]$

$= \dfrac{\mu l}{\pi}\ln\dfrac{d}{a}\,[\text{H}]$

여기서, 단위 길이당 인덕턴스 $L' = \dfrac{\mu}{\pi}\ln\dfrac{d}{a}\,[\text{H/m}]$이다.

인덕터에서의 에너지

인덕턴스에 축적되는 에너지는 다음과 같다.

$$W = \frac{1}{2}LI^2 [\text{J}]$$

만약, 자기 인덕턴스 L_1, L_2인 두 회로의 상호 인덕턴스가 M일 때 각각 회로에 I_1, I_2의 전류가 흐르면 이 전류계에 저장하는 자계의 에너지는 다음과 같다.

전체 축적 에너지 $W = W_1 + W_2 + 2 \times W_{12} = \frac{1}{2}L_1I_1^2 + \frac{1}{2}L_2I_2^2 + MI_1I_2 [\text{J}]$

벡터 퍼텐셜(Vector Potential) : A

벡터퍼텐셜의 정의는 자속 $B = \nabla \times A$이며

이때 자속 $\phi = \int B \, ds = \int \nabla \times A \, ds$로 표시하며

스토크스의 정리를 적용하면 $\phi = \int \nabla \times A \, ds = \int A \, dl$이 된다.

이론 요약

1. 자기 인덕턴스 ($L = \dfrac{N\phi}{I}$ [H])

$$L_1 = \dfrac{N_1^2}{R_m}, \ L_2 = \dfrac{N_2^2}{R_m} \qquad L = \dfrac{\mu S N^2}{l} \text{[H]}$$

2. 상호 인덕턴스

$$M = \dfrac{N_1 N_2}{R_m} = \dfrac{\mu S N_1 N_2}{l} = \dfrac{N_2}{N_1} L_1$$

3. 인덕턴스의 유기기전력

$$e_1 = -L_1 \dfrac{di_1}{dt} = -M \dfrac{di_2}{dt} \text{ [V]}$$

4. 상호 인덕턴스

$$M = k\sqrt{L_1 L_2}, \ \text{결합계수} \ k = \dfrac{M}{\sqrt{L_1 L_2}}$$

5. 인덕턴스 계산

① 원주 도체의 내부 자기 인덕턴스 : $L = \dfrac{\mu}{8\pi}$ [H/m] $= \dfrac{\mu \ell}{8\pi}$ [H]

② 환상 솔레노이드 : $L = \dfrac{\mu S N^2}{\ell}$ [H]

③ 무한장 솔레노이드 : $L = \mu S n^2 = \mu \pi a^2 n^2$ [H/m]

④ 동축케이블 : $L = \dfrac{\mu}{2\pi} \ln \dfrac{b}{a} + \dfrac{\mu}{8\pi}$ [H/m]

⑤ 평행왕복도선 : $L = \dfrac{\mu}{\pi} \ln \dfrac{d}{a} + \dfrac{\mu}{4\pi}$ [H/m]

6. 인덕턴스의 합성 : 상호 인덕턴스가 없는 경우

① 직렬 접속 : $L = L_1 + L_2$

② 병렬 접속 : $L = \dfrac{L_1 L_2}{L_1 + L_2}$

7. 인덕턴스의 합성 : 상호 인덕턴스가 있는 경우

① 직렬 접속
- 가동결합 : $L = L_1 + L_2 + 2M$
- 차동결합 : $L = L_1 + L_2 - 2M$

② 병렬 접속

- 가동결합: $L = \dfrac{L_1 L_2 - M^2}{L_1 + L_2 - 2M}$

- 차동결합 : $L = \dfrac{L_1 L_2 - M^2}{L_1 + L_2 + 2M}$

8. 자기에너지(인덕턴스에서의 에너지)

$W = \dfrac{1}{2} L I^2 = \dfrac{1}{2} N I \phi \, [\text{J}]$

CHAPTER 10 필수 기출문제

꼭! 나오는 문제만 간추린

01 인덕턴스의 단위 [H]와 같은 단위는?
① [F]
② [V/m]
③ [A/m]
④ [Ω·s]

해설 인덕턴스에서의 전압 $v = L\dfrac{di}{dt}$ 에서

인덕턴스 $L = \dfrac{dt}{di}v[\text{H}]$

$[H] = \left[\dfrac{V \cdot \sec}{A}\right] = [\Omega \cdot \sec]$

【답】④

02 코일에 있어서 자기 인덕턴스는 다음의 어떤 매질 상수에 비례하는가?
① 저항률
② 유전율
③ 투자율
④ 도전율

해설 자기인덕턴스

$L = \dfrac{N\phi}{I} = \dfrac{N}{I}\dfrac{NI}{R_m} = \dfrac{N^2}{R_m} = \dfrac{\mu S N^2}{l}[\text{H}]$

따라서 자기인덕턴스는 투자율에 비례한다.

【답】③

03 다음 중 자기 인덕턴스의 성질을 옳게 표현한 것은?
① 항상 부(負)이다.
② 항상 정(正)이다.
③ 항상 0이다.
④ 유도되는 기전력에 따라 정(正)도 되고 부(負)도 된다.

해설 자기인덕턴스 $L = \dfrac{N\phi}{I}[\text{H}]$

따라서 $L_1 > 0,\ L_2 > 0$

【답】②

04 1,000회의 코일을 감은 환상 철심 솔레노이드의 단면적이 3[cm²], 평균 길이 4π[cm]이고, 철심의 비투자율이 500일 때, 자기 인덕턴스[H]는?
① 1.5
② 15
③ $\dfrac{15}{4\pi} \times 10^6$
④ $\dfrac{15}{4\pi} \times 10^{-5}$

해설 자기 인덕턴스

$L = \dfrac{N^2}{R_m} = \dfrac{N^2}{\dfrac{l}{\mu S}} = \dfrac{\mu S N^2}{l} = \dfrac{4\pi \times 10^{-7} \times 500 \times 3 \times 10^{-4} \times 1{,}000^2}{4\pi \times 10^{-2}} = 1.5[\text{H}]$

【답】①

05 그림 (a)의 인덕턴스에 전류가 그림 (b)와 같이 흐를 때 2초에서 6초 사이의 인덕턴스 전압 V_L[V]은?

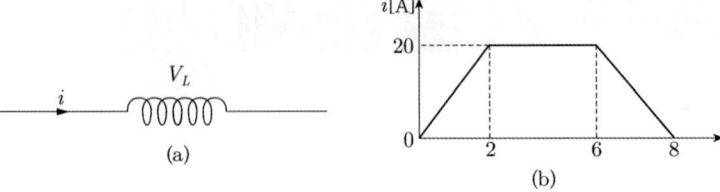

① 0 ② 5 ③ 10 ④ -5

해설 $2 \leq t \leq 6$인 구간에서는
인덕턴스에서의 기전력 $e = -N\dfrac{d\phi}{dt} = -L\dfrac{di}{dt}$ 에서
전류의 변화가 없으므로 기전력은 0이 된다.

【답】①

06 자기 인덕턴스가 50[mH]인 코일에 흐르는 전류가 0.01[s] 사이에 5[A]에서 3[A]로 감소하였다. 이 코일에 유기된 기전력은?

① 25[V], 본래 전류와 같은 방향 ② 25[V], 본래 전류와 반대 방향
③ 10[V], 본래 전류와 같은 방향 ④ 10[V], 본래 전류와 반대 방향

해설 유기기전력
$e = -N\dfrac{d\phi}{dt} = -L\dfrac{di}{dt}$
$= -50 \times 10^{-3} \times \dfrac{(3-5)}{10^{-2}} = +10$ (전류와 같은 방향)

【답】③

07 그림과 같이 환상의 철심에 일정한 권선이 감겨진 권수 N회, 단면적 S[m²], 평균 자로의 길이 l[m]인 환상 솔레노이드에 전류 i[A]를 흘렸을 때 이 환상 솔레노이드의 자기 인덕턴스를 옳게 표현한 식은?

① $\dfrac{\mu^2 SN}{l}$ ② $\dfrac{\mu S^2 N}{l}$
③ $\dfrac{\mu SN}{l}$ ④ $\dfrac{\mu SN^2}{l}$

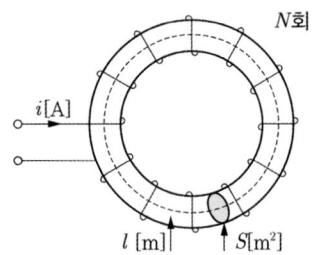

해설 자기인덕턴스 $L = \dfrac{N\phi}{I} = \dfrac{N}{I}\dfrac{NI}{R_m} = \dfrac{N^2}{R_m} = \dfrac{\mu SN^2}{l}$ [H]
여기서, 기자력 $F_m = NI = R_m \phi$ 이며 자속 $\phi = \dfrac{NI}{R_m}$

【답】④

08 코일의 권수를 2배로 하면 인덕턴스의 값은 몇 배가 되는가?

① $\dfrac{1}{2}$배 ② $\dfrac{1}{4}$배 ③ 2배 ④ 4배

해설 인덕턴스

$$L = \frac{N^2}{R_m} = \frac{N^2}{\frac{l}{\mu S}} = \frac{\mu S N^2}{l}$$

$L \propto N^2$이므로 코일의 권수를 2배로 하면 인덕턴스는 4배가 된다. 　　【답】 ④

09 ★★★★★
N회 감긴 환상 코일의 단면적이 $S[\text{m}^2]$이고 평균 길이가 $l[\text{m}]$이다. 이 코일의 권수를 반으로 줄이고 인덕턴스를 일정하게 하려면?

① 길이를 $\frac{1}{4}$배로 한다.　　② 단면적을 2배로 한다.

③ 전류의 세기를 2배로 한다.　　④ 전류의 세기를 4배로 한다.

해설

자기인덕턴스 $L = \frac{N\phi}{I} = \frac{N}{I}\frac{NI}{R_m} = \frac{N^2}{R_m} = \frac{\mu S N^2}{l}$ [H]

$= \frac{\mu S \left(\frac{1}{2}N\right)^2}{l}$ 이므로 길이를 $\frac{1}{4}$배로 해야 인덕턴스가 일정하다. 　　【답】 ①

10 ★★★★★
환상솔레노이드의 단면적이 S, 평균 반지름 r, 권선수가 N이고 누설자속이 없는 경우 자기인덕턴스의 크기는?

① 권선수 및 단면적에 비례한다.
② 권선수의 제곱에 및 단면적에 비례한다.
③ 권선수의 제곱 및 평균 반지름에 비례한다.
④ 권선수의 제곱에 비례하고 단면적에 반비례한다.

해설

환상솔레노이드의 인덕턴스 : $L = \frac{\mu S N^2}{l}$

인덕턴스는 투자율, 단면적 및 권수의 제곱에 비례하고 길이에 반비례한다. 　　【답】 ②

11 ★★★★★
그림과 같은 1[m]당 권선수 n, 반지름 a[m]의 무한장 솔레노이드가 자기 인덕턴스 [H/m]는 n과 a 사이에 어떠한 관계가 있는가?

① a와는 상관없고 n^2에 비례한다.
② a와 n의 곱에 비례한다.
③ a^2과 n^2의 곱에 비례한다.
④ a^2에 반비례하고 n^2에 비례한다.

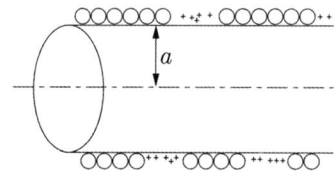

해설

자기인덕턴스

$L = \frac{N\phi}{I} = \frac{N}{I}\frac{NI}{R_m} = \frac{N^2}{R_m} = \frac{\mu S N^2}{l}$ [H]에서

$= \frac{\mu \pi a^2 (nl)^2}{l} = \mu \pi a^2 n^2 l$ [H]

길이 당 인덕턴스 $L' = \mu \pi a^2 n^2$ [H/m]

따라서 길이 당 인덕턴스는 a^2과 n^2의 곱에 비례한다. 　　【답】 ③

12 권수가 N인 철심이 든 환상 솔레노이드가 있다. 철심의 투자율이 일정하다고 하면, 이 솔레노이드의 자기 인덕턴스 L은? 단, 여기서 R_m은 철심의 자기 저항이고 솔레노이드에 흐르는 전류를 I라 한다.

① $L = \dfrac{R_m}{N^2}$　　　　② $L = \dfrac{N^2}{R_m}$

③ $L = R_m N^2$　　　　④ $L = \dfrac{N}{R_m}$

해설 자기인덕턴스
$$L = \frac{N\phi}{I} = \frac{N}{I}\frac{NI}{R_m} = \frac{N^2}{R_m} = \frac{\mu S N^2}{l}\ [\text{H}]$$
【답】②

13 ★★★★★ 반지름 a인 원주 도체의 단위 길이당 내부 인덕턴스[H/m]는?

① $\dfrac{\mu}{4\pi}$　　　　② $\dfrac{\mu}{8\pi}$

③ $4\pi\mu$　　　　④ $8\pi\mu$

해설 내부인덕턴스 $L_i = \dfrac{\mu}{8\pi} l\ [\text{H}]$

단위 길이 당 인덕턴스 $L_i' = \dfrac{\mu}{8\pi}\ [\text{H/m}]$
【답】②

14 ★★★★★ 내도체의 반지름이 a[m]이고, 외도체의 내반지름이 b[m], 외반지름이 c[m]인 동축 케이블의 단위 길이당 자기 인덕턴스는 몇 [H/m]인가?

① $\dfrac{\mu_0}{2\pi}\ln\dfrac{b}{a}$　　　　② $\dfrac{\mu_0}{\pi}\ln\dfrac{b}{a}$

③ $\dfrac{2\pi}{\mu_0}\ln\dfrac{b}{a}$　　　　④ $\dfrac{\pi}{\mu_0}\ln\dfrac{b}{a}$

해설 동축케이블의 인덕턴스
$$L = \frac{\mu_0}{2\pi}\ln\frac{b}{a}\ [\text{H/m}]$$
【답】①

15 ★★★★★ 반지름 a[m], 선간 거리 d[m]의 평행 왕복 도선간의 자기 인덕턴스는 다음 중 어떤 값에 비례하는가?

① $\dfrac{\pi\mu_0}{\ln\dfrac{d}{a}}$　　　　② $\dfrac{\pi\mu_0}{\ln\dfrac{a}{d}}$

③ $\dfrac{\mu_0}{2\pi}\ln\dfrac{a}{d}$　　　　④ $\dfrac{\mu_0}{\pi}\ln\dfrac{d}{a}$

해설 평행 왕복도선의 인덕턴스
$$L = \frac{\mu_0}{\pi}\ln\frac{d}{a}\ [\text{H/m}]$$
【답】④

16 두 개의 코일이 있다. 각각의 자기 인덕턴스가 0.4[H], 0.9[H]이고, 상호 인덕턴스가 0.36[H]일 때 결합 계수는?

① 0.5
② 0.6
③ 0.7
④ 0.8

해설 상호인덕턴스 $M = k\sqrt{L_1 L_2}$ 이므로

결합계수 $k = \dfrac{M}{\sqrt{L_1 L_2}} = \dfrac{0.36}{\sqrt{0.4 \times 0.9}} = 0.6$

【답】②

17 자기 인덕턴스가 각각 L_1, L_2인 A, B 두 개의 코일이 있다. 이때, 상호 인덕턴스 $M = \sqrt{L_1 L_2}$ 라면 다음 중 옳지 않은 것은?

① A코일이 만든 자속은 전부 B 코일과 쇄교된다.
② 두 코일이 만드는 자속은 항상 같은 방향이다.
③ A 코일에 1초 동안에 1[A]의 전류 변화를 주면 B 코일에는 1[V]가 유기된다.
④ L_1, L_2는 (−)값을 가질 수 없다.

해설 상호인덕턴스 $M = k\sqrt{L_1 L_2}$ 이므로
• $M = \sqrt{L_1 L_2}$ 는 결합 계수 $k = 1$
  A코일이 만든 자속은 전부 B 코일과 쇄교된다.
  두 코일이 만드는 자속은 항상 같은 방향이다.
• 자기인덕턴스 $L_1 > 0$, $L_2 > 0$
여기서, A 코일에 1초 동안에 1[A]의 전류 변화를 주면 B 코일에는 1[V]가 유기되는 경우는 상호인덕턴스가 1[H]라는 뜻이다.

【답】③

18 자기 인덕턴스가 L_1, L_2이고 상호 인덕턴스가 M인 두 회로의 결합 계수가 1이면 다음 중 옳은 것은?

① $L_1 L_2 = M$
② $L_1 L_2 < M^2$
③ $L_1 L_2 > M^2$
④ $L_1 L_2 = M^2$

해설 상호인덕턴스
$M = k\sqrt{L_1 L_2}$ 이므로
$M_{12}^2 = k^2 L_1 L_2$
여기서, 결합계수 $k = 1$이므로
상호인덕턴스 $M^2 = L_1 L_2$

【답】④

19 환상 철심에 권수 N_A인 A코일과 N_B인 B코일이 있을 때 코일 A의 자기인덕턴스가 L_A[H]라면 두 코일간의 상호 인덕턴스[H]는? 단, A코일과 B코일 간의 누설자속은 없는 것으로 한다.

① $\dfrac{N_A L_A}{N_B}$
② $\dfrac{N_B L_A}{N_A}$
③ $\dfrac{N_A^2 L_A}{N_B}$
④ $\dfrac{N_B^2 L_B}{N_A}$

해설 자기인덕턴스와 상호인덕턴스

- 자기인덕턴스 : $L_1 = \dfrac{N_1^2}{R_m}$ $L_2 = \dfrac{N_2^2}{R_m}$
- 상호인덕턴스 : $M = \dfrac{N_1 N_2}{R_m} = \dfrac{N_2}{N_1} L_1$ 따라서 상호인덕턴스 $M = \dfrac{N_B}{N_A} L_A$

【답】②

20 ★★★★★
환상 철심에 권수 100회인 A 코일과 권수 200회인 B 코일이 있을 때 A의 자기 인덕턴스가 4[H]라면 두 코일의 상호 인덕턴스는 몇 [H]인가?

① 2 ② 4
③ 6 ④ 8

해설 자기인덕턴스와 상호인덕턴스

- 자기인덕턴스 : $L_1 = \dfrac{N_1^2}{R_m}$ $L_2 = \dfrac{N_2^2}{R_m}$
- 상호인덕턴스 : $M = \dfrac{N_1 N_2}{R_m} = \dfrac{N_2}{N_1} L_1$

∴ $M = L_1 \times \dfrac{N_2}{N_1} = 4 \times \dfrac{200}{100} = 8[H]$

【답】④

21 두 자기 인덕턴스를 직렬로 하여 합성 인덕턴스를 측정하였더니 75[mH]가 되었다. 이때 한 쪽 인덕턴스를 반대로 접속하여 측정하니 25[mH]가 되었다면 두 코일의 상호 인덕턴스[mH]는 얼마인가?

① 12.5 ② 20.5
③ 25   ④ 30

해설 가동결합 $L_1 + L_2 + 2M = 75$ ·········①
차동결합 $L_1 + L_2 - 2M = 25$ ·········②
식 ①, ②에서
상호인덕턴스 $M = \dfrac{75 - 25}{4} = 12.5[mH]$

【답】①

22 자기 인덕턴스가 10[H]인 코일에 3[A]의 전류가 흐를 때 코일에 축적된 자계 에너지는 몇 [J]인가?

① 30 ② 45
③ 60 ④ 90

해설 코일에 축적된 자계에너지
$W = \dfrac{1}{2} L I^2 = \dfrac{1}{2} \times 10 \times 3^2 = 45[J]$

【답】②

23 그림에서 $S = 5[\text{cm}^2]$, $l = 50[\text{cm}]$, $\mu_s = 1,000$, $N = 100$ 이라 하고 1[A]의 전류를 흘렸을 때 자계에 저축되는 에너지[J]를 구하면?

① 3.14×10^{-3}
② 6.28×10^{-3}
③ 9.42×10^{-3}
④ 13.56×10^{-3}

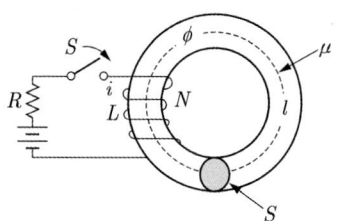

해설

인덕턴스 $L = \dfrac{N\phi}{I} = \dfrac{N^2}{R_m} = \dfrac{\mu S N^2}{l}$ [H]

$= \dfrac{4\pi \times 10^{-7} \times 1,000 \times 5 \times 10^{-4} \times 100^2}{0.5} = 4\pi \times 10^{-3}$ [H]

자기에너지 $W = \dfrac{1}{2}LI^2 = \dfrac{1}{2} \times 4\pi \times 10^{-3} \times 1^2 = 6.28 \times 10^{-3}$ [J]

【답】 ②

CHAPTER 11 전자계

전도 전류(Conduction Current)와 변위 전류(Displacement Current) · Maxwell의 전자 방정식 · Maxwell의 파동방정식 · 파동 임피던스(고유 임피던스) · 전파속도 · 포인팅 벡터(Pointing Vector)

전도 전류(Conduction Current)와 변위 전류(Displacement Current)

전도 전류는 도선을 따라 전하가 이동하는 전류를 말하며 자유전자의 이동으로 생기는 전류이며 그 크기는 옴의 법칙에 따라 결정된다.
따라서 전도 전류 밀도는 $i = kE[\text{A/m}^2]$이며 전도 전류는 도전율에 비례한다.

변위 전류는 오른쪽 그림과 같이 유전체의 전속 밀도의 시간적 변화에 의해 발생하는 전류이며 따라서 변위 전류는 교류 인가 시 콘덴서에 흐르는 전류로 보고 계산하면 다음과 같다.

변위 전류는 $I_d = \dfrac{V}{X_c} = \dfrac{V}{\dfrac{1}{j\omega C}} = j\omega CV = j\omega \dfrac{\epsilon S}{d}V = j\omega \epsilon SE[\text{A}]$

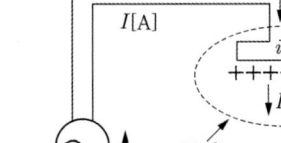

여기서, 변위 전류 밀도는 다음과 같다.
$i_D = \dfrac{I_d}{S} = \dfrac{\partial D}{\partial t} = \epsilon \dfrac{\partial E}{\partial t} = j\omega \epsilon E[\text{A/m}^2]$

1 유전체의 손실각과 임계 주파수

전도 전류 밀도 $i = kE$와 변위 전류 밀도 $i_D = \dfrac{I_d}{S} = \dfrac{\partial D}{\partial t} = \epsilon \dfrac{\partial E}{\partial t} = j\omega \epsilon E$에서

유전체 손실각은 다음과 같다.
$\tan\delta = \dfrac{|i_C|}{|i_D|} = \dfrac{kE}{\omega \epsilon E} = \dfrac{k}{\omega \epsilon} = \dfrac{k}{2\pi f \epsilon}$

여기서, 임계 주파수는 $|i_C| = |i_D|$일 때 즉, $k = \omega\epsilon = 2\pi f_c \epsilon$일 때이며 따라서 임계 주파수는 $f_c = \dfrac{k}{2\pi\epsilon}[\text{Hz}]$이다.

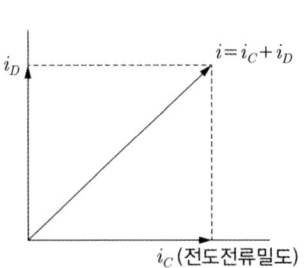

유전체의 손실각과 임계 주파수와의 관계를 나타내면 다음과 같다.
$\therefore \tan\delta = \dfrac{k}{2\pi\epsilon}\dfrac{1}{f} = \dfrac{f_c}{f}$

Maxwell의 전자 방정식

① Maxwell의 제1전자 방정식

"직선전류에 의해 발생되는 자계의 선적분은 전전류와 같다"는 암페어 주회 적분에 의한 것이다.

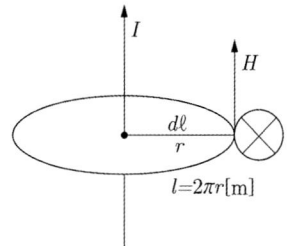

- 암페어 주회 적분에서 $\oint H\, dl = \sum I$

- 전류 밀도 $I = \int i\, ds$

  여기서, 전류 밀도는 전도 전류 밀도와 변위 전류 밀도의 합으로 $i = i_c + i_D$로 나타낸다.

- $\oint H\, dl = \int i\, ds = \int (i_c + i_D)\, ds$

- 스토크스의 정리를 적용하면 $\oint_c H\, d\ell = \int_S rot\, H\, dS$

$$\therefore \int_s rot\, H\, dS = \int_s (i_c + i_D)\, dS$$

$$\therefore rot\, H = i = i_c + i_D = kE + \frac{\partial D}{\partial t} \ : \ \text{암페어 주회적분의 미분형}$$

② Maxwell의 제2전자 방정식

"폐회로에서 자속의 변화에 의한 기전력이 발생한다."는 패러데이의 전자유도에 의한 것이다.

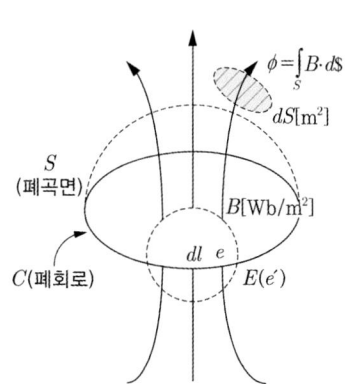

- 폐회로에 유기되는 기전력은 $e = -\dfrac{d\phi}{dt}$ 에서 $\phi = \int_s B\, dS$

$$= -\frac{d}{dt}\int_s B\, dS = -\int_s \frac{\partial B}{\partial t}\, dS$$

- 전계 E에 의해서 발생한 기전력은 $e' = \oint_c E\, d\ell$

- 만약에 손실이 없다고 가정하면 $e = e'$가 되며

  따라서 $\oint_c E\, d\ell = -\int_S \frac{\partial B}{\partial t}\, dS$

  여기서, 스토크스의 정리를 적용하면 $\oint_c E\, d\ell = -\int_S rot\, E\, dS$

$$\therefore \int_s rot\, E\, dS = -\int_s \frac{\partial B}{\partial t}\, dS$$

$$\therefore rot\, E = -\frac{\partial B}{\partial t} \ : \ \text{패러데이-렌츠의 미분형}$$

3 기타 Maxwell의 전자 방정식
① 전계에서의 식 $\text{div}D = \rho$이며
이 식은 전계에서는 전기력선이 발산되며 고립된 전하가 존재하며 전계는 불연속이라는 것을 나타낸다.
② 자계에서의 식 $\text{div}B = 0$이며
이 식은 고립된 자극이 존재하지 않으며 자계는 연속적이라는 것을 나타낸다.

4 Maxwell의 전자파 방정식 정리
- $\text{rot}E = -\dfrac{\partial B}{\partial t}$
- $\text{rot}H = i + \dfrac{\partial D}{\partial t}$
- $\text{div}D = \rho$
- $\text{div}B = 0$

Maxwell의 파동방정식

Maxwell의 파동방정식은 ϵ, μ, k가 일정하고 E와 H가 동시 공존하며 E 및 H가 시간적으로 변화하는 공간에서 성립하는 방정식이다.
만약 공간을 유전체라고 한다면 $k = 0$이므로
이때, $\nabla^2 E = \epsilon\mu\dfrac{\partial^2 E}{\partial t^2}$을 전파 방정식이라 하며 $\nabla^2 H = \epsilon\mu\dfrac{\partial^2 H}{\partial t^2}$를 자파 방정식이라 한다.

파동 임피던스(고유 임피던스)

매질의 고유 임피던스(파동 임피던스)는 다음과 같다.
$Z_0 = \dfrac{E}{H} = \sqrt{\dfrac{\mu}{\epsilon}} = \sqrt{\dfrac{\mu_0}{\epsilon_0}}\sqrt{\dfrac{\mu_s}{\epsilon_s}} = 377\sqrt{\dfrac{\mu_s}{\epsilon_s}}\,[\Omega]$
여기서, 자유 공간이라면 고유 임피던스(파동 임피던스)는
$Z_0 = \sqrt{\dfrac{\mu_0}{\epsilon_0}} = 377 = 120\pi\,[\Omega]$가 된다.

전파속도

매질 중의 전파의 파장을 $\lambda[\text{m}]$, 주파수를 $f[\text{Hz}]$라 할 때 전파속도 $v = f\lambda[\text{m/sec}]$로 나타내며
$v = \dfrac{1}{\sqrt{\epsilon\mu}} = \dfrac{1}{\sqrt{\epsilon_0\mu_0}\sqrt{\epsilon_s\mu_s}} = \dfrac{3\times 10^8}{\sqrt{\epsilon_s\mu_s}}\,[\text{m/sec}]$가 된다.

포인팅 벡터(Pointing Vector)

포인팅 벡터는 면적당 방사 에너지로 전자계 내의 한 점을 통과하는 에너지 흐름을 단위 면적당 전력 또는 전력 밀도를 나타내는 값이다.

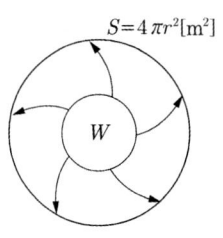

따라서 포인팅 벡터 $S = \dfrac{P}{A}[\text{W/m}^2] = \dfrac{P}{4\pi r^2}[\text{J}]$이며

여기서, 단위 체적당 전 에너지 밀도는 $W = \dfrac{1}{2}\epsilon E^2 + \dfrac{1}{2}\mu H^2 [\text{J/m}^3]$이며

단위 면적당 전력 밀도는 단위 체적당 전 에너지 밀도에 속도를 곱하여 계산하며 단위 면적당 전력 밀도 즉, 포인팅 벡터는 다음과 같다.

$$P = [\dfrac{1}{2}\epsilon E^2 + \dfrac{1}{2}\mu H^2] \cdot v [\text{W/m}^2]$$

$$= [\dfrac{1}{2}\epsilon E\sqrt{\dfrac{\mu}{\epsilon}}H + \dfrac{1}{2}\mu H\sqrt{\dfrac{\epsilon}{\mu}}E] \cdot \dfrac{1}{\sqrt{\epsilon\mu}} = \dfrac{1}{2}EH + \dfrac{1}{2}EH = EH[\text{W/m}^2]$$

또한, 일반적으로 포인팅 벡터는 $S = E \times H = EH \sin\theta = EH[\text{W/m}^2]$로 나타낸다.

이때 $\sin\theta$는 전계와 자계는 위상차는 없으나 서로 $90°$ 차이를 가지고 진행하므로(즉, 전파가 x축이라면 자파는 y축이 된다)

고유 임피던스 $Z_0 = \dfrac{E}{H} = 377$에서

$E = 377H, \quad H = \dfrac{1}{377}E = 2.65 \times 10^{-3}E$이므로 포인팅 벡터는 다음과 같이 나타낼 수 있다.

$S = E \times H = EH\sin\theta = EH$

$\quad = 377H^2$

$\quad = \dfrac{1}{377}E^2 = 2.65 \times 10^{-3}E^2$

여기서, 포인팅 벡터를 이용한 전계의 실효값은

특성 임피던스 $Z_0 = \dfrac{E}{H} = \sqrt{\dfrac{\mu_0}{\epsilon_0}} = 377$에서

$E = 377H, \; H = \dfrac{1}{377}E$

포인팅 벡터는 $S = E \times H = EH = \dfrac{E^2}{\sqrt{\dfrac{\mu_0}{\epsilon_0}}}$이므로

따라서 전계의 세기의 실효값 $E = \sqrt{S\sqrt{\dfrac{\mu_0}{\epsilon_0}}}$가 된다.

이론 요약

1. 변위전류밀도

유전체에서 발생, 전속밀도의 시간적 변화

$$i_d = \frac{I}{S} = \frac{\partial D}{\partial t} = j\omega\epsilon E \quad (D = \epsilon E = \epsilon \frac{V}{d})$$

변위전류 : $I_d = \omega C V_m \cos\omega t$ (입력이 $v = V_m \sin\omega t$ 인 경우)

2. 임계주파수($|i_c| = |i_d|$)

$$f_c = \frac{k}{2\pi\epsilon}$$

3. 유전체손실각

$$\tan\delta = \frac{f_c}{f}$$

4. Maxwell의 방정식 : 전계와 자계의 정의 및 전계와 자계의 관계식

① $rot\ E = -\frac{\partial B}{\partial t}$ (패러데이-렌츠의 법칙). 자장의 시간적 변화에 의해 회전하는 전계가 발생

② $rot\ H = i = i_c + i_d = kE + \epsilon\frac{\partial E}{\partial t}$ 변위 전류와 전도 전류는 회전하는 자계를 발생

③ $div\ D = \rho$ (불연속). 전하에서는 전속이 발산되며 고립된 전하가 존재

④ $div\ B = 0$ (연속). 자계는 연속이며 고립된 자극이 없다

5. 고유(파동, 특성) 임피던스

$$Z_0 = \frac{E}{H} = \sqrt{\frac{\mu}{\epsilon}} = \sqrt{\frac{\mu_0}{\epsilon_0}}\sqrt{\frac{\mu_s}{\epsilon_s}} = 377\sqrt{\frac{\mu_s}{\epsilon_s}}\ [\Omega]$$

자유공간 $Z_0 = \frac{E}{H} = \sqrt{\frac{\mu_0}{\epsilon_0}} = 377[\Omega]$

전계 $E = 377H$

자계 $H = \frac{1}{377}E = 2.65 \times 10^{-3}E$

6. 전파속도와 파장

① 전파(위상)속도 : $v = \frac{1}{\sqrt{\epsilon\mu}} = \frac{3\times 10^8}{\sqrt{\epsilon_s \mu_s}}$

② 파장 : $\lambda = \frac{C}{f} = \frac{1}{f\sqrt{\mu\epsilon}}$

7. 포인팅 벡터 : 면적 당 방사에너지[W/m²]

$$P = E \times H = EH\sin\theta = EH = 377H^2 = \frac{1}{377}E^2 [\text{W/m}^2]$$

① 전파와 자파의 위상차는 없다.
② z방향 진행 전자파 : z방향 성분=0
　　　　　　　　　　z방향의 미분계수는 0이 아니다.

CHAPTER 11 필수 기출문제
꼭! 나오는 문제만 간추린

01 변위 전류와 가장 관계가 깊은 것은?
① 반도체　　② 유전체　　③ 자성체　　④ 도체

해설
- 전도 전류 : 도체에 흐르는 전류(자유전자 이동) $i=kE$
- 변위 전류 : 유전체에서 전속 밀도의 시간적 변화에 의한 전류 $i_d=\dfrac{dD}{dt}$

【답】②

02 맥스웰은 전극간의 유전체를 통하여 흐르는 전류를 (ㄱ) 전류라 하고 이것도 (ㄴ)를 발생한다고 가정하였다. ( )안에 알맞은 것은?
① (ㄱ) 전도 (ㄴ) 자계
② (ㄱ) 변위 (ㄴ) 자계
③ (ㄱ) 전도 (ㄴ) 전계
④ (ㄱ) 변위 (ㄴ) 전계

해설
전도 전류 : 도체에 흐르는 전류(자유전자 이동) $i=kE$
변위 전류 : 유전체에서 전속 밀도의 시간적 변화에 의한 전류 $i_d=\dfrac{dD}{dt}$
$\mathrm{rot}H=i+\dfrac{\partial D}{\partial t}$: 전도전류와 변위 전류가 회전하는 자장을 발생시킨다.

【답】②

03 전력용 유입 커패시터가 있다. 유(기름)의 유전율 $\epsilon=2$이고 인가된 전계 $E=200\sin\omega t\,a_x$[V/m] 일 때 커패시터 내부에서 변위 전류 밀도를 구하면?
① $J_d=400\omega\cos\omega t\,a_x$ [A/m²]
② $J_d=400\omega\sin\omega t\,a_x$ [A/m²]
③ $J_d=200\omega\cos\omega t\,a_x$ [A/m²]
④ $J_d=200\omega\sin\omega t\,a_x$ [A/m²]

해설 변위 전류 밀도
$i_d=\dfrac{\partial D}{\partial t}=\epsilon\dfrac{\partial}{\partial t}E$
$=\epsilon\dfrac{\partial}{\partial t}(200\sin\omega t\,a_x)=400\omega\cos\omega t\,a_x$ [A/m²]

【답】①

04 그림과 같이 평행판 콘덴서에 교류전원을 접속할 때 전류의 연속성에 대해서 성립하는 식은? 단, E : 전계, D : 전속 밀도, ρ : 체적 전하 밀도, i : 전도 전류 밀도, B : 자속 밀도, t : 시간
① $\nabla\cdot D=\rho$
② $\nabla\times E=-\dfrac{\partial B}{\partial t}$
③ $\nabla\cdot\left(i+\dfrac{\partial D}{\partial t}\right)=0$
④ $\nabla\cdot B=0$

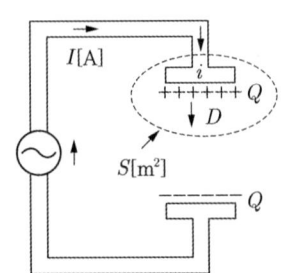

해설 전체 전류 밀도는 전도전류와 변위전류의 합이므로

$i = i_c + i_d = i_c + \dfrac{\partial D}{\partial t}$

전류의 연속성을 나타내는 식 $div\ i = 0$에서

$div\,i = \nabla \cdot i = \nabla \cdot \left(i_c + \dfrac{\partial D}{\partial t}\right) = 0$

여기서 i_c는 전도 전류 밀도, $i_d = \dfrac{\partial D}{\partial t}$는 변위 전류 밀도이다.

【답】③

---

05 ★★★★★ 유전체에서 임의의 주파수 f에서의 손실각을 $\tan\theta$라 할 때 전도 전류 i_c와 변위 전류 i_d의 크기가 같아지는 주파수를 f_c라 하면 $\tan\theta$는?

① f_c/f ② $f_c/\sqrt{f}$ ③ $\sqrt{f_c}/f$ ④ $2f_c f$

해설 임계주파수 $|i_c|=|i_d|$에서 $k = \omega\epsilon = 2\pi f_c \epsilon$에서 $f_c = \dfrac{k}{2\pi\epsilon}$

유전체의 손실각

$\tan\theta = \left|\dfrac{i_c}{i_d}\right| = \dfrac{k}{\omega\epsilon} = \dfrac{k}{2\pi f\epsilon}$ 따라서 $\tan\theta = \left|\dfrac{i_c}{i_d}\right| = \dfrac{k}{\omega\epsilon} = \dfrac{k}{2\pi f\epsilon} = \dfrac{f_c}{f}$

【답】①

---

06 변위 전류에 의하여 전자파가 발생되었을 때 전자파의 위상은?

① 변위 전류보다 90° 빠르다.
② 변위 전류보다 90° 늦다.
③ 변위 전류보다 30° 빠르다.
④ 변위 전류보다 30° 늦다.

해설 전자파는 특성임피던스가 상수이므로 위상이 0°이나 변위전류는 콘덴서에 흐르는 전류는 90° 앞서는 전류이므로 변위전류에 의하여 전자파가 발생되었을 때 전자파의 위상은 변위전류보다 90° 늦다.

【답】②

---

07 ★★★★★ 공기 중에서 E[V/m]의 전계를 i_d[A/m²]의 변위 전류로 흐르게 하려면 주파수[Hz]는 얼마가 되어야 하는가?

① $f = \dfrac{i_d}{2\pi\epsilon E}$ ② $f = \dfrac{i_d}{4\pi\epsilon E}$

③ $f = \dfrac{\epsilon i_d}{2\pi^2 E}$ ④ $f = \dfrac{i_d E}{4\pi^2 \epsilon}$

해설 변위 전류 밀도

$i_d = \dfrac{\partial D}{\partial t} = \epsilon \dfrac{\partial E}{\partial t} = j\omega\epsilon E = j2\pi f\epsilon E\,[\text{A/m}^2]$

따라서 변위전류로 흐르기 위한 주파수 $f = \dfrac{i_d}{2\pi\epsilon E}\,[\text{Hz}]$

【답】①

---

08 ★★★★★ 다음 중 전자계에 대한 맥스웰의 기본 이론이 아닌 것은?

① 자계의 시간적 변화에 따라 전계의 회전이 생긴다.
② 전도 전류와 변위 전류는 자계를 발생시킨다.
③ 고립된 자극이 존재한다.
④ 전하에서 전속선이 발산된다.

> **해설** 전자계에 대한 맥스웰의 기본 이론
> $\text{rot} E = -\frac{\partial B}{\partial t}$: 자계의 시간적 변화에 따라 전계의 회전이 생긴다.
> $\text{rot} H = i + \frac{\partial D}{\partial t}$: 전도 전류와 변위 전류는 회전하는 자계를 발생시킨다.
> $\text{div} D = \rho$: 전하에서 전속선이 발산된다.
> $\text{div} B = 0$: 고립된 자극이 없다. 【답】③

09 다음 중 미분 방정식 형태로 나타낸 맥스웰의 전자계 기초 방정식은?

① $\text{rot} E = -\frac{\partial B}{\partial t}$, $\text{rot} H = i + \frac{\partial D}{\partial t}$, $\text{div} D = 0$, $\text{div} B = 0$

② $\text{rot} E = -\frac{\partial B}{\partial t}$, $\text{rot} H = i + \frac{\partial D}{\partial t}$, $\text{div} D = \rho$, $\text{div} B = H$

③ $\text{rot} E = -\frac{\partial B}{\partial t}$, $\text{rot} H = i + \frac{\partial D}{\partial t}$, $\text{div} D = \rho$, $\text{div} B = 0$

④ $\text{rot} E = -\frac{\partial B}{\partial t}$, $\text{rot} H = i$, $\text{div} D = 0$, $\text{div} B = 0$

> **해설** 전자계에 대한 맥스웰의 기본 이론
> $\text{rot} E = -\frac{\partial B}{\partial t}$: 자계의 시간적 변화에 따라 전계의 회전이 생긴다.
> $\text{rot} H = i + \frac{\partial D}{\partial t}$: 전도 전류와 변위 전류는 회전하는 자계를 발생시킨다.
> $\text{div} D = \rho$: 전하에서 전속선이 발산된다.
> $\text{div} B = 0$: 고립된 자극이 없다. 【답】③

10 Maxwell의 전자기파 방정식이 아닌 것은?

① $\oint_c H \cdot dl = nI$ ② $\oint_c E \cdot dl = -\int_s \frac{\partial B}{\partial t} ds$

③ $\oint_s D \cdot ds = \int_v \rho\, dv$ ④ $\oint_s B \cdot ds = 0$

> **해설** Maxwell의 전자기파 방정식
> • $\text{rot} E = -\frac{\partial B}{\partial t}$ 에서
> $\int \text{rot} E\, ds = \int -\frac{\partial B}{\partial t} ds \rightarrow \oint E\, dl = -\int_s \frac{\partial B}{\partial t} ds$ (적분형)
> • $\text{rot} H = i + \frac{\partial D}{\partial t}$ 에서
> $\int \text{rot} H\, ds = \int (i + \frac{\partial D}{\partial t})\, ds \rightarrow \oint H\, dl = \int_s (i + \frac{\partial D}{\partial t})\, ds$ (적분형)
> • $\text{div} D = \rho$ 에서
> $\int \text{div} D\, dv = \int \rho\, dv \rightarrow \int D\, ds = \int \rho\, dv$ (적분형)
> • $\text{div} B = 0$ 에서
> $\int \text{div} B\, dv = 0 \rightarrow \int B\, ds = 0$ (적분형)
> 따라서 $\oint_c H \cdot dl = nI$는 암페어 주회적분식이다. 【답】①

11 패러데이-노이만 전자 유도 법칙에 의하여 일반화된 맥스웰의 전자 방정식의 형은?

① $\nabla \times H = i_c + \dfrac{\partial D}{\partial t}$
② $\nabla \cdot B = 0$
③ $\nabla \times E = -\dfrac{\partial B}{\partial t}$
④ $\nabla \cdot D = \rho$

해설 패러데이-노이만 전자 유도 법칙에 의한 맥스웰 방정식
$\operatorname{rot} E = \nabla \times E = -\dfrac{\partial B}{\partial t}$: 자계의 시간적 변화에 따라 전계의 회전이 생긴다.

【답】 ③

12 자계의 벡터 퍼텐셜을 A[Wb/m]라 할 때 도체 주위에서 자계 B[Wb/m²]가 시간적으로 변화하면 도체에 생기는 전계의 세기 E[V/m]는?

① $E = -\dfrac{\partial A}{\partial t}$
② $\operatorname{rot} E = -\dfrac{\partial A}{\partial t}$
③ $E = \operatorname{rot} E$
④ $\operatorname{rot} E = \dfrac{\partial B}{\partial t}$

해설 $\operatorname{rot} E = -\dfrac{\partial B}{\partial t}$ 에서
자속밀도 $B = \nabla \times A$
$\nabla \times E = -\dfrac{\partial (\nabla \times A)}{\partial t}$ 에서 따라서 $E = -\dfrac{\partial A}{\partial t}$

【답】 ①

13 자계 분포 $H = xyj - xzk$[A/m]를 발생시키는 점 (1, 1, 1)[m]에서의 전류 밀도[A/m²]는?

① 3
② $\sqrt{3}$
③ 2
④ $\sqrt{2}$

해설 Maxwell의 전자파 방정식
$\operatorname{rot} H = i$ 에서
$\operatorname{rot} H = \begin{bmatrix} i & j & k \\ \dfrac{\partial}{\partial x} & \dfrac{\partial}{\partial y} & \dfrac{\partial}{\partial z} \\ 0 & xy & -xz \end{bmatrix} = zj + yk$에서 점(1, 1, 1)을 대입하면
$\sqrt{1^2 + 1^2} = \sqrt{2} = i$
$\therefore i = \sqrt{1+1} = \sqrt{2}$ [A/m²]

【답】 ④

14 자유 공간의 특성 임피던스는? 단, ϵ_0는 유전율, μ_0는 투자율이다.

① $\sqrt{\dfrac{\epsilon_0}{\mu_0}}$
② $\sqrt{\dfrac{\mu_0}{\epsilon_0}}$
③ $\sqrt{\epsilon_0 \mu_0}$
④ $\sqrt{\dfrac{1}{\epsilon_0 \mu_0}}$

해설 자유공간에서의 특성임피던스(파동임피던스)
$Z_0 = \dfrac{E}{H} = \sqrt{\dfrac{\mu_0}{\epsilon_0}} = 120\pi = 377 [\Omega]$

【답】 ②

15 순수한 물($\epsilon_s ≒ 80$, $\mu_s ≒ 1$) 중에 있어서의 고유 임피던스는 몇 [Ω]인가?

① 38.2　　　　　　　　　　② 42.2
③ 46.2　　　　　　　　　　④ 50.2

해설 고유(파동) 임피던스

$$Z_0 = \frac{E}{H} = \sqrt{\frac{\mu}{\epsilon}} = 377\sqrt{\frac{\mu_s}{\epsilon_s}}\,[\Omega]$$

$$= 377\sqrt{\frac{1}{80}} = 42.15[\Omega]$$

【답】②

16 전계와 자계의 위상 관계는?

① 위상이 서로 같다.　　　　　　② 전계가 자계보다 90° 빠르다.
③ 전계가 자계보다 90° 늦다.　　④ 전계가 자계보다 45° 빠르다.

해설 특성임피던스 $Z_0 = \frac{E}{H} = \sqrt{\frac{\mu}{\epsilon}}$ 에서

자유공간에서는 $Z_0 = \frac{E}{H} = \sqrt{\frac{\mu_0}{\epsilon_0}} = 377 = 120\pi\,[\Omega]$

따라서 특성임피던스가 실수이므로 전계와 자계는 동상이다.

【답】①

17 평면파 전자파의 전계 E와 자계 H 사이의 관계식은?

① $E = \sqrt{\frac{\epsilon}{\mu}}\,H$　　　　　　② $E = \sqrt{\mu\epsilon}\,H$

③ $E = \sqrt{\frac{\mu}{\epsilon}}\,H$　　　　　　④ $E = \sqrt{\frac{1}{\mu\epsilon}}\,H$

해설 자유공간에서의 특성임피던스(파동임피던스)

$$Z_0 = \frac{E}{H} = \sqrt{\frac{\mu_0}{\epsilon_0}} = 120\pi = 377[\Omega]$$

여기서, $Z_0 = \frac{E}{H} = \sqrt{\frac{\mu}{\epsilon}}$ 에서

$E = Z_0 H = \sqrt{\frac{\mu}{\epsilon}}\,H$

【답】③

18 전계 $E = \sqrt{2}\,E_e \sin\omega\left(t - \frac{z}{V}\right)$ [V/m]의 평면 전자파가 있다. 진공 중에서의 자계의 실효값[AT/m]은?

① $2.65 \times 10^{-1} E_e$　　　　　② $2.65 \times 10^{-2} E_e$
③ $2.65 \times 10^{-3} E_e$　　　　　④ $2.65 \times 10^{-4} E_e$

해설 자유공간에서의 특성임피던스(파동임피던스)

$$Z_0 = \frac{E}{H} = \sqrt{\frac{\mu_0}{\epsilon_0}} = 120\pi = 377[\Omega]$$

$H = \frac{1}{377}E = 2.65 \times 10^{-3} E$

【답】③

19 유전율 ϵ, 투자율 μ의 공간을 전파하는 전자파의 전파 속도 v는?

① $v = \sqrt{\epsilon\mu}$
② $v = \sqrt{\dfrac{\epsilon}{\mu}}$
③ $v = \sqrt{\dfrac{\mu}{\epsilon}}$
④ $v = \dfrac{1}{\sqrt{\epsilon\mu}}$

해설 전파 속도
$$v = \frac{1}{\sqrt{\mu\epsilon}} = \frac{1}{\sqrt{\mu_0\epsilon_0}}\frac{1}{\sqrt{\mu_s\epsilon_s}} = \frac{3\times10^8}{\sqrt{\mu_s\epsilon_s}}\,[\text{m/sec}]$$

【답】④

20 물(비유전율 80, 비투자율 1) 속에서의 전자파의 전파 속도[m/s]는?

① 3×10^{10}
② 3×10^8
③ 3.35×10^{10}
④ 3.35×10^7

해설 전파 속도
$$v = \frac{1}{\sqrt{\mu\epsilon}} = \frac{1}{\sqrt{\mu_0\epsilon_0}}\frac{1}{\sqrt{\mu_s\epsilon_s}} = \frac{3\times10^8}{\sqrt{\mu_s\epsilon_s}} = \frac{3\times10^8}{\sqrt{1\times80}} = 3.35\times10^7\,[\text{m/sec}]$$

【답】④

21 유전율 ϵ, 투자율 μ인 매질 중을 주파수 f[Hz]의 전자파가 전파되어 나갈 때의 파장[m]은?

① $f\sqrt{\epsilon\mu}$
② $\dfrac{1}{f\sqrt{\epsilon\mu}}$
③ $\dfrac{f}{\sqrt{\epsilon\mu}}$
④ $\dfrac{\sqrt{\epsilon\mu}}{f}$

해설 전파 속도
$$v = \frac{1}{\sqrt{\mu\epsilon}}\,[\text{m/sec}]$$
$v = f\lambda$에서 파장 $\lambda = \dfrac{v}{f} = \dfrac{1}{f\sqrt{\epsilon\mu}}$ [m]

【답】②

22 15[MHz]의 전자파의 파장은 몇 [m]인가?

① 8
② 15
③ 20
④ 25

해설 전파속도 $v = f\cdot\lambda$에서
파장 $\lambda = \dfrac{v}{f} = \dfrac{3\times10^8}{15\times10^6} = 20$[m]

【답】③

23 전계 E[V/m], 자계 H[AT/m]의 전자계가 평면파를 이루고, 자유 공간으로 전파될 때 단위 시간에 단위 면적당 에너지[W/m²]는?

① $\frac{1}{2}EH$　　　　② $\frac{1}{2}EH^2$

③ EH^2　　　　　④ EH

해설 면적당 방사에너지(포인팅벡터)
$$S = \frac{P}{A} = \frac{P}{4\pi r^2} \text{[W/m}^2\text{]}$$
$$S = E \times H = EH\sin\theta = EH\text{[W/m}^2\text{]}$$
단위시간당 전력밀도 $W = \frac{1}{2}\epsilon E^2 + \frac{1}{2}\mu H^2 \text{[J/m}^3\text{]} = [\frac{1}{2}\epsilon E^2 + \frac{1}{2}\mu H^2] \cdot v \text{[W/m}^2\text{]}$
$$= [\frac{1}{2}\epsilon E\sqrt{\frac{\mu}{\epsilon}}H + \frac{1}{2}\mu H\sqrt{\frac{\epsilon}{\mu}}E] \cdot \frac{1}{\sqrt{\epsilon\mu}} = \frac{1}{2}EH + \frac{1}{2}EH = EH\text{[W/m}^2\text{]}$$

【답】④

24 전자파는?
① 전계만 존재한다.
② 자계만 존재한다.
③ 전계와 자계가 동시에 존재한다.
④ 전계와 자계가 동시에 존재하되 위상이 90° 다르다.

해설 자유공간에서의 특성임피던스(파동임피던스)
$$Z_0 = \frac{E}{H} = \sqrt{\frac{\mu_0}{\epsilon_0}} = 120\pi = 377[\Omega]$$
여기서, 특성임피던스가 상수이므로
전자파는 전계와 자계가 동시에 존재하며 위상차는 없다.

【답】③

25 ★★★★★ 전자파의 진행 방향은?
① 전계 E의 방향과 같다.　　　② 자계 H의 방향과 같다.
③ $E \times H$의 방향과 같다.　　　④ $H \times E$의 방향과 같다.

해설 전자파의 진행 방향 : $E \times H$의 방향

【답】③

26 ★★★★★ 매질이 완전 절연체인 경우의 전자(電磁) 파동방정식을 표시하는 것은?

① $\nabla^2 E = \epsilon\mu\frac{\partial E}{\partial t}$, $\nabla^2 H = \epsilon\mu\frac{\partial H}{\partial t}$　　② $\nabla^2 E = -\epsilon\mu\frac{\partial^2 E}{\partial t^2}$, $\nabla^2 H = -\epsilon\mu\frac{\partial^2 H}{\partial t^2}$

③ $\nabla^2 E = \epsilon\mu\frac{\partial^2 E}{\partial t^2}$, $\nabla^2 H = \epsilon\mu\frac{\partial^2 H}{\partial t^2}$　　④ $\nabla^2 E = -\epsilon\mu\frac{\partial E}{\partial t}$, $\nabla^2 H = \epsilon\mu\frac{\partial H}{\partial t^2}$

해설 Maxwell의 파동방정식
전파 : $\nabla^2 E = \epsilon\mu\frac{\partial^2 E}{\partial t^2}$
자파 : $\nabla^2 H = \epsilon\mu\frac{\partial^2 H}{\partial t^2}$

【답】③